안녕히 주무셨어요?

잠 잘 자는 사회를 위한 숙면의 과학

안녕히
주무셨어요?

페터 슈포르크 | 유영미 옮김

황소자리

나는 다른 모든 것을 서둘러 지나쳤다.
저 확실한 행복의 근원을 찾으라는 과제가
이제는 저항할 수 없게 나를 불렀기 때문이다.
지금까지 줄곧 미뤄둔 과제였다.

– 마르셀 프루스트 〈되찾은 시간〉 중에서

소진된 인간

잠은 깨어있는 것만큼 삶에 중요하다.

인간은 잠을 자면서 중요한 정신적, 신체적 과제를 해결한다.

그러므로 만성 수면부족과 시간을 거스르는 삶이

우리 능력을 감퇴시키고 힘을 소진시키며

장기적으로 질병을 유발한다는 것은 너무나 당연한 이야기이다.

시간을 잃어버린 나

우리는 그 어느 시대보다 경제적으로 풍족하게 살고 있다. 평균 수명도 높고, 환경도 더 깨끗해졌으며, 영양상태도 좋고, 의료기술은 눈부신 발전을 거듭하였다. 운동의 중요성도 부각되어 어느 때보다 운동도 많이 하고 있다. 그럼에도 많은 사람들이 몸이 좋지 않다고 느끼는 건 왜일까?

가벼운 두통을 달고 살며, 뱃속도 편치 않고, 불면증도 잦다. 이런 모호한 불편을 안고서도 그냥저냥 살 만하니까 그리 신경 쓰지 않는다. 신경을 써봤자 뾰족한 이유를 찾아낼 수도 없으니 말이다. 다른 사람들도 다 그렇다니까, 현대인의 삶이 그러려니 할 뿐이다.

그러나 동시에 건강에 대한 관심 또한 그 어느 때보다 지대해서 요즘엔 글루텐, 락토스, 과당이 소화가 잘 안 된다는 이야기가 한창이다. 고기 속의 항생물질, 전자파, 유전자 변형기술, 야채 속의 잔류 살충제가 좋지 않다는 말은 하루이틀 된 이야기가 아니다.

나의 동료 세바스티안 헤르만은 2014년 3월 〈쥐트도이체 차이퉁〉에 관련 기사를 기고해, 이게 나쁘다 저게 나쁘다 하는 이야기가 사실무근은 아니라고, 하지만 대부분의 경우 그런 것이 안 좋을까봐 걱정하는 게 오히려 몸에 해롭다고 지적하였다. 아울러 헤르만은 "이런 걱정에 대한 반대급부로 자연과 천연에 대한 왜곡된 상이 만연하고 있다"고 적었다.

그렇다. 자연이 뜨고 있다. 점점 더 많은 사람들이 "천연" 또는 "유기농"이라는 레이블이 붙은 상품을 구입한다. 거의 모든 정당이 생태적인 강령으로 점수를 따고 싶어한다. "자연으로 돌아가자"는 것은 현재의 가장 중요한 트렌드 중 하나이다. 자연에 대한 새로운 애착은 여러 기이한 경향을 낳았다. 그리하여 식료품에 "Bio" 표시가 빛을 발하는 한 세계는 괜찮아 보이며, 글루텐 프리 식품을 먹으면 뭔가 나아지고 있다는 생각이 든다. 건강에 미치는 긍정적인 효과가 확실히 증명된 것도 아닌데 말이다.

그런데 그야말로 "자연으로의 복귀"가 시급한 분야가 있다. 그것은 바로 시간 관리 분야다. 우리 사회의 너무나 많은 사람들이 물리적으로 주어진 밤과 낮, 봄 여름 가을 겨울의 자연스런 리듬에 거슬러 살고 있으며, 이런 반자연적인 생활방식이 좋지 않은 결과를 초래한다는 걸 보여주는 증거가 점점 많아지고 있다.

우리는 신체가 휴식을 원할 때 최고 출력으로 일하려 안간힘을 쓰고, 종종 신체가 가장 능률을 발휘할 수 있는 상태에서 일을 줄인다. 장기가 채 준비를 하지도 못했는데 음식을 마구 집어넣고, 유익보다는 해가 되는 시간에 약을 복용한다. 어둠이 필요한 시간에 빛을 찾으며, 빛이 필요한 시간에 어둠에 처한다. 휴식과 쉼에 대한 욕구를 무시한다. 간단히 말해 생물학적 리듬에 맞춰 사는 법을 잊어버렸다.

그 결과 비만과 질병이 초래되며, 신체적·정신적으로 능률이 오르지 않고, 감염 위험이 높아지며, 학습능력과 순발력과 집중력이 떨어지고, 창조성과 삶의 기쁨이 결여되며, 신경이 예민해지고 심한 경우 우울증까지 찾아온다.

생물학적 빨간신호등

바로 이런 상황을 변화시키기 위해 이 책을 썼다. 여덟 단계의 플랜을 통해 독자들이 수면 연구, 시간생물학, 생체시계에 대한 지식을 일상에 적용할 수 있도록 돕고, 나아가 정치가와 고용주들에게도 구체적인 변화를 요구하려 한다. 자연의 리듬을 거스르면서 우리를 신체적·정신적으로 병들게 만드는 생활은 이제 반드시 끝내야 한다.

우리는 시간과 더불어 제대로 사는 법을 배울 수 있다. 이것은 생물학적으로 매우 중요한 일이며 현대 과학은 그렇게 살 수 있는 여러 수단을 제공해준다.

시간과 더불어 사는 삶에서 속도를 늦추고 여유를 누리는 방법만이 중요한 건 아니다. 우울증, 행동장애, 인격장애, 중독증 등과 관련하여 의사와 언론과 환자들은 삶의 속도가 빨라지고 직장 스트레스가 많아지는 것을 중요한 원인으로 본다. 전문가들은 심리적·정신적 요구가 증가하고 있다고 말하면서, 이런 상황으로 인해 직장인의 병가 일수와 조기퇴직이 늘어난다고 지적한다.

그러나 사실 현대사회의 분주함과 스트레스는 전자파나 유전자 변형식품 정도의 부정적인 영향을 초래할까 말까이다. 이 책에서 차츰 살펴보겠지만 진짜 문제는 단순히 분주하고 스트레스가 많은 것이 아니다. 분주한 느낌은 이 책에서 제공하는 자연적인 리듬과 함께 하는 몇 가지 실천사항만 준수하면 금방 몰아낼 수 있다. 마케팅을 위한 허울뿐인 자연이 아니라 진정한 자연과 함께 하는 동안 얻을 수 있는 변화를 통해서 말이다.

가장 중요한 것은 자연을 거스르지 않는 시간 관리다. 이것은 우리로 하여금 다시 능률을 발휘하도록 해주며, 생각보다 실천하기도 쉽다. 업무시간과 자유시간을 도그마적으로 가르지 않고, 부담이 되는 일은 주로 낮시간에 해결하고, 개개인의 생체리듬에 유의하고, 신선한 공기를 더 많이 마시고, 햇빛을 더 많이 쬐어주고, 밤에는 일찌감치 확실하게 쉬어주고, 전체적으로 일을 줄이고, 업무시간을 좀더 유연하게 배정하는 동시에 재택근무자 역시 스스로를 혹사하지 않도록 조심하는 등 그리 복잡하지 않은 조처들을 염두에 두고 살면 된다.

그리하여 나 역시 "자연"이라는 유행어를 외치려 한다. 이유가 없지는 않다. 현대인은 신체의 경고신호를 무시해버리고, 인간이 마치 생물학적 법칙과 무관하게 살 수 있는 듯이 행동한다. 사람마다 생물학적 시간 유형이 다양하며, 자신의 시간 유형에 따라 서로 다른 시간에 휴식하고 활동해야 한다는 사실을 쉽게 무시해버린다. 만성 수면부족으로 인한 신호들을 경솔하게 넘기고, 무조건 일찍 퇴근하는 것만 중요하게 생각한다. 생물학적으로 능률이 떨어지는 시간에 일하는 것은 예사가 되어버렸다.

밤과 낮, 휴식과 활동, 개인적 · 생물학적 삶의 속도가 중요하다는 인식과 더불어 "자연적인 리듬으로 돌아가기"를 배우는 일은 건강에 대한 확실하고 탁월한 투자가 될 것이다. 이런 투자는 요즘 유행하는 느리게 살기니 뭐니 하는 조처보다 유쾌한 일상을 살아가는 데 훨씬 큰 효과를 발휘할 것이다.

어긋나는 생체리듬

고용주들은 피고용인의 자연적인 리듬 따위는 안중에 없다. 정치인들은 고리타분한 서머타임을 실시하여 시민들이 몇 달씩이나 생물학적 시간감각에 반하는 삶을 살아가게끔 강요한다. 그러다 보니 우리는 오래 전에 건강한 활동 타이밍에 대한 감을 잃어버렸다.

현대 산업사회에서 정치와 노동법의 영향 하에 형상화되는 개인적 일과만큼 학문적 인식에 반하는 분야는 거의 없다. 우리의 신체가 각자 언제 얼마만큼 일하고 자고 움직이고 빈둥대야 할지를 안다는 점을 생각할 때 그것은 더욱 놀랍다. 학자들이 지난 수 십 년간 자연의 리듬에 순응하는 삶이 어떤 것인지를 많이 알아냈음에도 불구하고,

자연적인 리듬에 따른 시간 관리는 전혀 관철되지 못하고 있다.

더 늦기 전에 자연스런 시간 리듬에 순응하는 삶이 어떤 것인지, 그간의 학문적 인식에 귀를 기울여야 한다.

우리의 신체를 이루는 모든 세포에는 시계가 있어 다른 세포들의 시계와 시간을 맞추면서, 신체 전체를 리듬 있게 조절한다. 그리하여 모든 장기와 체내의 신호가 주기적인 사이클을 따른다. 추가적으로 신체는 밤낮의 교대 같은 외부의 리듬에 자신의 생체리듬을 맞추도록 되어 있다.

그러나 이런 리듬 맞추기는 곧잘 어그러진다. 학교나 직장의 일과 시간, 여가활동, 기타 다른 삶의 리듬이 조화로운 생물학적 리듬에 반하여 진행되기 때문이다. 그 결과 많은 사람들이 만성 수면부족과 생체리듬 교란(비동기화)에 시달리고, 이로 인해 질병에 걸리곤 한다.

자연의 리듬에 어긋나는 생활은 스트레스와 결부되어 아이들에게서는 주의력 결핍 과잉행동장애를, 어른들에게서는 번아웃, 우울증, 불면증, 중독증을 유발한다. 많은 신체적 질병이 심신상관적 요소들을 지니기에 당뇨, 비만, 암, 심근경색의 발병 위험 역시 증가한다.

Wake up!

시간생물학자들은 인간의 이상적인 생활리듬이 어떤 모습이 되어야 하며, 여기에 따르는 것이 어디에 유익한지를 규명하였다. 언론은 정기적으로 시간생물학적 인식들을 전달해준다. 그러나 구체적인 실천 방안에 대한 전달은 부족하며, 실천방안을 전달한다 쳐도 진부하고 단순하고 대략적인 조언에 국한되는 수가 많다.

그리하여 이 책은 독자들에게 상세하고 구체적인 조언을 하고자 한다. 이 책의 각 장은 세 부분으로 구성된다. 우선 중요한 최신의 학문적 인식을 소개한 뒤 우리의 사회적 현실이 이런 인식과 얼마나 배치되는지 이야기할 것이다. 그리고 마지막으로 학문에 기반한 해법들을 제안한다. 사회적 각성을 촉구한다는 의미에서 "웨이크업 플랜"이라고 이름 붙인 해법들은 강한 요구의 형태로 기술할 것이다.

물론 독자들은 내가 소개하는 웨이크업 플랜의 모든 사항을 맹목적으로 추종할 필요는 없다. 주 4일, 30시간 근무제 도입처럼 어떤 제안들은 실천에 옮기기에는 너무 유토피아적이다. 어떤 해법들은 CEO나 정치인들의 손에 달려 있으며, 또 다른 항목들은 몇 년이 지나면 수정이 필요한 것으로 혹은 너무 지나치거나 충분하지 못한 것으로 밝혀질 수도 있다.

생체시계를 취급하는 데 있어 도그마적인 태도는 좋지 않다. 우리의 체내시계는 유연하며 많은 것을 용서한다. 다만 현대사회에서 자연적인 시간을 거슬러 사는 삶이 일반화된 양상은 참으로 심각해서, 한시 바삐 변화를 꾀해야 하는 사안이다.

그러므로 나는 지금부터 제시할 플랜을 완벽하게 실행에 옮기라고 목소리를 높이지는 못한다. 모든 사람이 매일 자고 싶은 만큼 잘 수 있다면 좋지만 그런 소망은 정말 요원하다. 그리고 인간이 모두 야외생활을 한다면 바이오리듬 상의 차이가 많이 상쇄되겠지만, 그것은 학문적 인식일 뿐 모두가 야외생활을 할 수는 없잖은가. 그러므로 독자들이 각 장마다 몇 가지 긍정적인 자극을 받고 작은 변화부터 꾀한다면, 그것으로 나는 만족한다. 많은 작은 변화가 합쳐져 사회적으로 커다란 변화를 이룰 수 있으리라 믿는다.

이 책이 독자들에게 일련의 좋은 자극을 줄 수 있기 바란다. 그러니까 더 많은 사람이 꿀잠을 자는 사회로 나아가기 위한 논의를 촉발할 수 있다면 그것만으로도 이 책이 할 수 있는 몫은 다 했다고 본다.

노력하지 않는 사람들

잠자는 것은 깨어있는 것만큼 삶에 중요하다. 잠자는 인간은 깨어있을 때만큼 활동적이다. 잠잘 때의 에너지 소모는 깨어있을 때와 거의 비슷하며, 인간은 잠을 자면서 중요한 정신적·신체적 과제를 해결한다. 그러므로 만성 수면부족과 시간을 거스르는 삶이 우리의 능력을 감퇴시키고 힘을 소진시키며 장기적으로 질병을 유발할 수 있다는 것은 너무나 당연한 이야기이다.

그밖에도 생체시계에 거슬러 사는 사람은 비축했던 에너지를 소모해버리게 되고, 신진대사의 균형이 깨어질 위험이 있다. 오랜 교대근무는 기대수명을 단축시키고, 거의 모든 질병의 발병 위험을 높인다.

이 모든 내용은 학문적으로 확실한 인식이며, 알려진 지 이미 오래다. 최근 스위스 생 갈렌의 베른트 슐테스를 위시한 당뇨병 전문의들은 의학전문지 ⟨*Lancet Diabetes & Endocrinology*⟩에 실은 글에서 당뇨환자 중 다수는 잠을 잘 자기만 해도 상당히 좋아질 수 있다며, 충분한 수면은 신진대사 질환을 예방하거나 치료한다고 강조했다. 24시간 바쁘게 돌아가는 현대사회에서 수면부족은 "신진대사 과정에 부정적인 영향을 미치는 추가적인 요인으로 점점 부각될 것"이라면서, 이런 부정적인 영향은 적절한 시간에 취침하고 기상하는 등의 생물학적 리듬에 대한 무관심을 통해 강화된다고 지적했다.

그럼에도 변하는 건 거의 없다. 정책결정자와 기업들은 혁신에의 의지도, 책임 있는 인력경영에 대한 의식도 부족하다.

여전히 많은 나라에서 다수의 소망에 반한 서머타임이 유지되고 있으며, 학교 등교시간은 너무 이르다. 아이들의 행복보다 어른의 편의가 더 중요시된다. 교대근무와 야간근무는 줄어들기는커녕 더 확대되고 있다. 업무계획표를 짤 때 직원들의 크로노타입chronotype(시간 유형) 같은 것은 고려되지 않는다.

많은 사람들이 제시간에 출근하거나 아이들을 학교에 보내기 위해 아침 일찍 힘들게 잠자리에서 일어난다. 유일한 보상은 가능하면 일찍 퇴근하는 것이지만, 피곤하다 보니 일찍 퇴근해도 저녁시간을 제대로 즐기지 못한다. 이런 식의 고정된 시간구조를 고수하는 것은 사회 전반적으로 생산성이 떨어지는 일이다. 물론 아침에 자연적으로 일찍 눈이 떠지는 사람은 이른 시간부터 일을 해도 무방하다. 그러나 대다수는 느지막이 비로소 능률이 향상되고, 아침에는 도무지 눈이 떠지지 않는다.

꿀잠이야말로 질병을 예방하는 가장 효과적인 수단일진대, 왜 우리는 이런 효과적인 수단을 활용하지 않는 것일까? 어찌하여 수면부족 상태를 이대로 방치하는 것일까? 왜 업무시간을 좀 줄이거나 개편하지 않을까? 왜 교대근무자들이 충분한 휴식을 누리도록 하지 않는 것일까?

돈이 들기 때문이다. 최소한 단기적으로는 그렇다. 하지만 장기적으로 잠 잘 자도록 하는 조처는 그에 들어간 비용을 상쇄하고도 남는다. 우리는 그 어느 시대보다 윤택하게 살고 있으며, 이제 잠 잘 자는 사회로 한 걸음 전진할 때가 되었다. 더 건강하고 창조적이고 능력있는 사회로 나아가자.

꿀잠 자는 사회를 위하여!

자고 싶은 만큼 푹 자고 일어나서 산책을 하거나 집안일을 하거나 장을 본 다음, 느지막이 출근하면 얼마나 좋을까. 출근해서 가장 중요한 일을 해결하고, 회의가 있으면 회의에 참석하고, 남은 일거리는 집으로 가져가서 처리해도 될 것이다. 정원이나 카페나 공원에서 그런 일들을 하면 스트레스 없이 순식간에 마칠 수도 있다. 그러면 하루 종일 사무실에 틀어박혀서 스트레스를 받지 않아도 되며, 심신의 피로는 대폭 경감될 것이다. 직업적인 일과 사적인 일을 딱 잘라 절대적으로 분리하는 것은 좋은 면도 있겠지만, 반드시 긍정적이지만은 않다는 게 나의 의견이다.

이렇듯 하루 일과가 유연해지면 우리는 다시금 야외에서 더 많은 시간을 보낼 수 있다. 낮에는 더 많은 빛을 받고 밤에는 더 많은 어둠에 처할 수 있다. 그러면 우리의 생체리듬은 더 건강하고 자연스러워지며, 시간 관리상의 많은 문제들은 저절로 해결될 것이다.

순진한 꿈이라고? 물론 유토피아에 가깝다. 그러나 이것이 올바른 길이다. 우리는 기본적으로 가장 컨디션이 좋고 능률을 낼 수 있는 시간에 일할 수 있어야 하며 여가시간도 스스로 주체적으로 활용해야 한다. 그리고 이 모든 행위에서 충분한 휴식과 잠을 최우선순위에 놓아야 한다. 그래야 가족, 기업, 사회, 모두가 유익을 얻는다.

물론 업무시간 유연화 및 개인화는 모든 영역에서 적용할 수 있는 사항은 아니다. 또한 이것은 노동자들의 착취나 부담을 막는 세심한 규칙들을 필요로 한다. 그러나 현재 많은 기업이 이미 생각을 전환해, 노조와 긴밀한 협조 하에 그런 규칙들을 도입하고 있다.

선도적인 독일의 시간생물학자 틸 뢰네베르크의 《시간을 빼앗긴 사람들Wie wir ticken》을 비롯하여 시간생물학 및 수면 연구와 관련해 몇 몇 읽어볼 만한 책들이 있다. 나도 이미 시간생물학을 주제로 두 권의 책을 집필했다. 하지만 최신의 인식을 어떻게 적용해야 할지 구체적으로 제시되지 않은 경우가 많다.

그리하여 최근 나는 걱정스런 독자들의 편지를 부쩍 많이 받았다. 독자들은 편지에서 과학의 인식을 일상에 적용하려면 어떻게 해야 하는지를 물었다. 또한 강연에 이은 수많은 토론과 대화를 통해 평범한 시민, 걱정스러운 기업가, 책임의식이 투철한 정치인, 관심 있는 교사, 참여적인 학자들이 드디어 과학적 인식을 실천에 옮겨 사회가 긍정적으로 변모하기를 간절히 바라고 있음을 깨달았다. 이런 변화를 일구어내지 못한다면 과학자들의 힘든 연구 작업이 대관절 어디에 쓰인단 말인가?

이 책은 그런 절실함 속에서 탄생하였다. 현대 과학에 대해 단순한 경탄 이상을 불러일으키는 것을 목표로 썼다. 물론 경탄도 좋다. 그러나 이 책을 통해 나는 무엇보다 꿀잠 자는 사회로 함께 나아가자고 강력히 촉구하려 한다. 그런 나에게 과학은 단단한 무기이자 가장 믿을 만한 친구이다.

이러한 인식을 바탕으로 어떻게 하면 잠 잘 자는 사회로 첫 걸음을 내디딜 수 있는지, 구체적 실천강령들을 하나하나 소개하려 한다.

차례

에필로그

되찾은
시간

1장

더 많은 빛을!

몸은 현재의 시간을 어떻게 알까?

이런 현상을 경험한 적 있는가? 아침에 자다가 깨어 아직 간밤의 꿈에 취한 상태로, 두 번 정도 몸을 뒤척이고 크게 하품을 한 다음 눈을 비비고 드디어 자명종 시계를 쳐다본다. 그러고 나서 1~2초가 지나면 자명종이 울린다. 그런 일을 반복적으로 경험하는 사람들이 많다. 심지어 평소 일어나는 시간보다 더 일찍 기상하려고 자명종을 맞추어 놓은 날에도 말이다.

와우! 내가 초감각적인 능력을 가지고 있는 것일까? 그런 것 같지는 않지만, 우리 모두 태어나면서부터 제7의 감각이라 부를 만한 영원하고 잠재의식적인 시간감각을 지닌 것만은 사실이다. 우리 조상들은 자명종이 없던 시대에도 이런 감각을 가지고 있었다. 이런 감각을 더 잘 이해하고 존중하고 삶에 적절히 활용한다면, 성장 위주의 현대사회에서 우리는 불가능해 보이는 일들을 이룰 수도 있다. 일을 덜 하면서도 더 많은 성과를 내며, 더 기분 좋고 건강하고 가뿐하게 살아가게 될 것이다.

우리 몸은 의식의 개입이 없이도 언제 일어나야 하는지를 알고 있다. 깨어나기 2시간 전쯤이면 이미 중뇌가 활성화되기 시작한다. 두 뇌의 중앙에 위치한, 발달사적으로 오래된 부분인 중뇌에서 신체의 하루가 시작된다.

이제 생체시계의 지휘센터인 중뇌는 몇몇 신경세포에게 부신피질자극 호르몬, 줄여서 CRHCorticotrophin를 분비하라고 명령한다. 물론 우리는 이런 순간을 의식하지 못한다. 그러나 우리는 종종 잠들기 전에 이미 다음날 몇 시에 일어나야 하는지를 생각하며 그 순간을 스스로 결정하였다. 바로 그 순간이 오면 중뇌에서 분비된 전달물질은 빠르게 뇌하수체에 이르고 뇌하수체는 아데노코르티코트로핀Adenocorticotropin, ACTH이라는 또 하나의 호르몬을 다량 분비한다. 이것이 혈액 속에서 부신피질에 이르면 부신피질은 유명한 스트레스 호르몬 코르티솔을 분비한다.

코르티솔은 인체에게 이제 깰 준비를 하라는 신호로 작용한다. 혈압과 심박동이 올라가고, 간은 에너지원인 당을 생산하여 우리가 일어나서 잠에 취한 채 욕실로 갈 수 있는 에너지를 마련해준다. 또한

안녕히 주무셨어요?

당이 목표로 하는 장기에 도달하도록 혈액이 근육에 더 강하게 공급되기 시작한다. 잠자는 동안 각종 병균과 바쁘게 싸웠던 면역계는 차츰 일을 줄인다.

잠들어 있는 의식이 이런 신호에 민감하게 반응하면 우리는 왕왕 원하는 시간에 정확히 잠에서 깨어난다. 푹 잤는지, 그렇지 않은지와는 전혀 상관없이 말이다.

튀빙겐의 유명한 뇌과학자 얀 보른은 십수 년 전에 이런 시스템을 밝혀냈다. 얀 보른은 당시 뤼벡에서 연구를 하고 있었는데, 그를 위시한 연구팀은 몇몇 실험 대상자를 숙박시키며 그들을 둘로 나누어 한 그룹에게는 9시까지 자게 해주겠다고 말했고, 나머지에게는 6시에 기상해야 한다고 일렀다.

그러나 실제로는 두 그룹 모두에서 절반에 해당하는 사람들을 6시에, 나머지 절반은 9시에 깨웠다. 이어 호르몬을 측정한 결과, 그 시간에 기상해야 한다는 예고를 들은 실험 대상자들의 호르몬 체계는 이미 깨어날 준비를 하고 있었던 것으로 드러났다. 하지만 예기치 못하게 깨움을 당한 사람들의 생체시계 리듬은 곧 자명종이 울릴 것임을 예감하지 못하고 있었다.

20세기 초만 해도 체내시계가 있다고 말하면 제정신이 아닌 사람처럼 여겨졌다. 그런 것이 있다고 믿지 않는 사람들은 이렇게 맞받아

쳤다. "그 시계가 대체 어떻게 작동한다는 거지? 지금까지 시체 해부가 수없이 이루어졌건만, 그 어떤 해부학자도 태엽이나 시곗바늘이나 숫자판이나 시계추를 발견한 적이 없다네."

하지만 비웃던 사람들은 차츰 입을 다물었다. 생체시계에 대한 최초의 실험은 1938년에 실시되었다. 시카고 대학교의 수면과학자인 너새니얼 클라이트먼과 브루스 리처드슨은 그해 6월 4일부터 7월 6일까지 켄터키 주 깊은 땅 속에 있는 매머드 동굴에서 시계나 외부세계에 대한 여타 정보 없이 실험적인 삶을 살았다. 빛이 필요하면 손전등을 이용했고 식사는 호텔에서 배달해 먹었는데, 중요한 것은 시간과 관계없이 언제 주문하든 식사가 왔다는 것이다. 그럼에도 그들은 규칙적인 간격으로 나무침상에 누웠고, 늘 비슷한 시간을 잔 뒤기상했다. 그들의 낮과 밤의 길이는 부정확했지만, 일정한 리듬을 보여주었다. 그 리듬은 대략적으로 24시간이었는데, 그 어떤 정보 없이직관적으로 주어진 것임에 틀림없었다.

이어진 여러 실험들이 이 첫 실험의 결과를 확인해주었다. 프랑스인 미셸 시프르는 1962년에 두 달간 동굴에서 살았는데, 그 역시 시계 없이 일정한 리듬을 유지하였다. 다만 어떤 날은 하루가 약 48시간에 달했다. 1972년 시프르는 지금까지도 전무후무한 기록을 세웠다. 텍사스의 미드나이트 동굴에서 완전히 고립된 채 205일간을 살았던 것이다. 미국의 항공우주국 나사NASA가 그의 모험을 후원하였다. 나사는 유인 우주비행과 관련한 주요 정보를 얻고 싶었던 것이다.

안녕히 주무셨어요?

독일의 생리학자 위르겐 아쇼프와 뤼트거 베베르는 생체시계 현상을 체계적으로 연구하기 위해 1960년대 중반 바이에른의 안덱스에 지하 실험시설을 마련하였다. 벙커를 연상시키는 실험시설로, 소위 "벙커실험"이라 불린 이 연구는 그 뒤 세계적으로 유명해졌다. 실험 대상자들은 한 달간 지하 생활을 하는 동안 두꺼운 벽과 이중 문으로 방음장치가 완벽하게 된 공간에서 오로지 자신의 시간감각에 의지해서 살았다.

완벽하게 고립된 환경을 만들기 위해 연구자들은 심지어 수도의 압력까지 조절하였다. 물줄기의 강도 변화가 외부세계가 낮인지 밤인지 암시할 수 있음을 감안해서였다.

벙커실험 결과, 인체 안에는 생체시계가 있어 스스로 시간을 측정할 수 있다는 사실이 확인되었다. 물론 실험 대상자들이 생체시계에만 의지하여 보낸 한 달은 지구 자전으로 주어지는 한 달보다 하루나 이틀 정도 더 길었다. 즉 실험 대상자들의 수면 및 각성 리듬은 외부세계에서 일반적으로 나타나는 24시간이 아니라 25시간이었다. 체내 시간감각에만 의존한 시간이 외부 시간보다 더 빨리 흘러서, 실험 대상자들이 '한 달을 기한으로 시작한 실험이 왜 이리 안 끝나지?'라고 생각한 경우는 아주 드물었다.

하지만 이런 부정확성은 연구자들에게는 문제될 것이 없었다. 오히려 반대였다. 생물학적 시스템은 결코 경직된 것이 아니므로, 정확

벙커실험 20세기 후반, 실험 대상자들은 최대 한 달간 안덱스의 막스 플랑크 연구소 지하에 마
련한 고립된 방에서 지냈다(위 사진). 실험을 마치고 드디어 햇빛을 보게 되었을 때의 기쁨은 참
으로 크다(아래 사진). 벙커실험은 실험 대상자들의 시간감각이 벙커 속에서도 유지되었음을 입
증하면서 학문적 파장을 일으켰다.

안녕히 주무셨어요?

해야 할 필요가 없었다. 생물학적 시스템은 변화에 빠르고 유연하고 자연스럽게 적응해야 하며, 환경의 신호에 민감해야 한다. 그렇지 않다면 어떻게 외국에 가서 다른 시간대의 삶에 적응할 수 있겠는가? 또는 계절에 따른 낮 길이의 변화에 어떻게 적응할 수 있을까?

생물학자 아쇼프와 베베르가 대략적으로 보여주었듯이, 인간의 생체시계는 그 자체로는 다소 부정확하게 간다는 인식은 오늘날까지 유지되고 있다. 전문용어로 하루 주기의 생체리듬을 서캐디언Circadian 리듬이라고 말한다. 오늘날 우리는 생체시계가 한 개가 아니라, 몇 조개에 이른다는 것을 안다. 최소한 이론적으로는 우리의 모든 세포가 시계이기 때문이다. 물론 이런 시계들은 서로 연결되어, 서로 조화를 이루며 동시진행한다. 지하에 고립되어 사는 사람의 경우 체내의 하루는 24시간 20분 정도이다. 단, 어떠한 시간 신호나 외부 정보 없이 철저히 인공적이고 실험적인 상황에서 살아갈 때에 그렇다.

일상에서 인간의 시간감각은 훨씬 더 정확하다. 우리는 현재 시간이 몇 시나 되었는지를 무의식적으로 거의 정확하게 느낀다. 그게 가능한 이유는 우리의 생물학적 시계가 외부세계에서 주어지는 시간 신호의 도움을 받아 계속해서 스스로를 수정하기 때문이다. 자명종이 울릴 무렵에 눈이 떠지는 현상은 그에 대한 아주 확실한 증거이다. 또한 매일 같은 시간에 배고픔을 느끼고, 매일 저녁 비슷한 시간에 졸음이 오는 것도 그 증거이다.

체내의 시계와 외부의 시간 신호가 협력하여 능력 있고 정확한 생체시계 시스템이 이루어진다. 이런 시스템은 오랜 세월에 걸쳐 탄생하고 완벽하게 다듬어졌다. 어쨌든 지구의 나이는 45억 년 되었고 생물은 35억 년 전부터 존재해왔으니 말이다.

체내시계가 6억 년 전, 인간과 파리의 마지막 공동 조상이 살았을 때 이미 존재했다는 것은 확실히 증명된 사실이다(우리 세포의 시계와 파리의 시계가 서로 연관되어 있음도 의심할 바 없다). 사실 자연은 지구상의 생명에 중요한 리듬과 하루 혹은 한 계절의 시작, 밀물 혹은 썰물을 (생물학의 도움으로) 예측하는 일을 훨씬 더 오랜 세월 동안 연마해왔을 것이다. 지구상에서 가장 오래된 생명체인 시아노박테리아도 일종의 생체시계를 가지고 있는 것이다.

진화는 매우 느리게 진행되어 현대인의 생체시계는 석기시대 사람들과 별 차이가 없다. 그러나 현대인의 생활방식은 우리 조상들의 삶과는 너무 다르다. 이런 상황은 우리의 건강과 능력과 컨디션에 중대한 결과를 빚는다. 이 책에서는 이런 딜레마를 자세히 살펴볼 것이다.

중추시계, 체내 시간의 진두지휘자

멋진 휴가날이다! 아침에 자명종의 방해 없이 푹 자고 일어났다. 아침밥을 든든히 먹은 뒤, 2시간 동안 테니스 코트를 누볐고 이어 책을 몇 페이지 읽다가 가벼운 점심식사를 했다. 오후에는 해변을 산책하고 수영을 즐긴 후 일광욕을 하며 다시금 약간의 독서를 즐겼다. 호텔로 돌아와 맛난 저녁식사를 하고는 2시간 동안 테라스에 쾌적하게 앉아있었다. 그런 다음? 졸려서 침대로 가 곯아떨어졌다. 아이처럼. 정말 멋지지 않은가!

이것은 휴가 때 흔히 하는 경험이다. 휴가기간에는 잠을 더 잘 잔다. 더 일찍 졸음이 오고 더 깊은 잠을 잔다. 밤에는 여간해서는 깨지 않고 아침에는 몸이 가뿐하게 눈이 떠진다. 휴가를 즐기는 사람들은 이런 현상에 대해 직업상 받는 스트레스가 없거나 신선한 공기를 마시며 운동을 한 덕분이라고 말한다. 물론 둘 다 맞는 말이다.

하지만 여간해서는 떠올리지 못하는 세 번째 이유가 있다. 학문적으로도 명백하게 입증된 이유다. 바로 휴가기간에 노출되는 많은 햇빛(야외에서 산책하고 스키 타고 일광욕 하고 자전거를 타는 등)이 우리의 시간감각을 강화하고 안정시키기 때문이라는 사실이다.

햇빛을 많이 받으면 낮엔 더 쌩쌩하게 깨어있고 저녁에는 더 일찍 졸음이 온다. 밤에는 푹 자고, 아침에는 일찌감치 눈이 떠진다.

이런 연관을 이해하기 위해서는 연구자들이 최근에 규명해낸 사실들을 알아야 한다. 몸속에 있는 무수한 시계들이 어떻게 외부세계와 시간을 맞추어 동시진행되는지를 말이다. 이와 관련하여 2002년에 나온 일련의 연구결과들은 정점을 이룬다.

2002년 시간생물학적 연구가 붐을 일으키면서, 몇 달 사이에 전 세계의 몇몇 연구팀이 선도적인 잡지 〈사이언스〉에 발표한 결과들은 (〈사이언스〉 지는 연말에 이런 연구들을 그해의 가장 중요한 연구결과로 선정하였다) 인간의 망막에 빛을 감지하는 새로운 센서들이 존재한다는 것을 증명하였는데, 이런 센서들은 멜라놉신 세포라는 이름을 갖게 되었다. 그 세포들이 바로 멜라놉신 색소를 함유하고 있기 때문이다. 더 자세한 것을 알고자 하는 독자들을 위해서 언급하자면, 이들 세포를 광민감망막신경절 세포ipRGC: intrinsically photosensitive retinal ganglion cell 라고도 한다.

보통은 이런 복잡한 이름 대신 멜라놉신이라는 색소 이름만 기억해두면 될 것이다. 멜라놉신은 빛의 영향에 따라 변하며, 세포는 이를 측정해서 정보로 전달한다. 학창시절 생물 수업을 잘 들은 독자는 원래 빛의 센서는 두 종류밖에 없었다는 것을 기억할 것이다. 원뿔세포(원추세포라고도 한다)와 막대세포(간상세포라고도 한다) 말이다. 원추세포는 색깔을 감지하고, 막대세포는 밝기의 차이를 감지한다. 이 둘은 광자를 흡수해 100분의 1초 정도에 순간반응을 함으로써 두뇌로 하여금 선명하고 움직이는 상을 합성해내도록 한다.

그러면 멜라놉신 세포에는 어떤 과제가 남아있는 것일까? 멜라놉신 세포는 평균적인 밝기를 측정한다. 멜라놉신 세포는 널리 가지를 뻗은 것처럼 망막에 퍼져있는데 비교적 넓은 영역에서 빛을 모아, 비교적 긴 시간에 걸쳐 이것을 전달한다. 이로써 가령 동공반사를 위한 정보를 제공한다. 그러니까 빛의 양을 조절하기 위해 홍채가 수축할 것인지 이완할 것인지를 말해준다.

그러나 무엇보다도 멜라놉신 세포들은 정확히 생체시계가 필요로 하는 정보들을 담고 있다. 밝은 낮에는 강하게 활성화되고, 어둑어둑해질 때는 약하게 활성화되며, 깊은 밤에는 침묵한다. 그리고 이런 정보를 얇고 긴 돌기를 통해 두뇌 깊숙이 직접 전달한다.

거기 깊은 곳 — 집게손가락을 코가 발원하는 부분에서 수직으로 머리에 집어넣을 수 있다고 가정할 때 닿게 되는 사이뇌diencephalon(간뇌)의 영역 — 에는 반구에 대칭적으로 나란히 위치하는 신경세포 집단 두 개가 있다. 쌀알만한 타원형의 이 신경절을 시각 교차 위핵suprachiasmatic nucleus이라고 부른다. 시신경 교차Chiasma opticum 바로 위에 위치하기 때문이다. 그러나 발음이 어려운 이름이기에 대다수 전문가들은 축약해서 SCN이라 부른다. SCN은 약 2만 개의 신경세포로 이루어진다. 별로 많은 수는 아니다. 하지만 뜻밖의 위력을 가지고 있다.

SCN을 이루는 각각의 신경세포에는 특히나 힘차게 진행하는 체내 시계가 있다. 이들 각각의 시계는 이웃한 시계들과 생화학적으로 연결되어 있어, 서로 동시진행하는 2만 개 단위의 강력한 시계를 이룬다. 이것이 우리의 생체리듬을 전반적으로 조절한다. SCN은 체내 시간의 지휘센터, 즉 중추시계master clock인 것이다.

SCN은 각 장기의 끄트머리에 이르기까지, 그리고 발가락 사이 피부주름에 이르기까지 모든 세포에게 시간을 알려준다. "지금은 아침이야, 한낮이야, 저녁이야, 밤이야." 신체의 언어로 말하자면 "밥 먹을 시간이야, 운동할 시간이야, 키가 자랄 시간이야, 질병과 싸울 시간이야, 피부를 재생할 시간이야, 새로운 아이디어를 찾을 시간이야, 머리가 핵핵 잘 돌아갈 시간이야, 꾸벅꾸벅 졸 시간이야, 잘 시간이야." 하는 것이다.

이제 각 세포들이 어떤 과제를 담당할지, 언제 특히 활성화될지, 언제 에너지를 충전하고 에너지를 내어줄지, 언제 호르몬 같은 성분들을 대폭 생산할지는 전적으로 각 기관 세포들의 몫이다. 그것은 해당 세포가 인체조직을 이루는 약 200종의 세포 중 어느 유형에 속하는지, 그리하여 특유의 생물학적 프로그램에서 어떤 시간에 어떤 과제를 담당해야 하는지에 따라 달라진다.

SCN은 다만 같은 조직의 리듬을 동기화(synchronization, 同期化: 동시진행)시키고, 다양한 장기들 간에 부분적으로 서로 차이가 나는 리듬을 최대한 서로 맞추도록 유도한다. SCN은 이 과정에서 (필요할 때 신체와 정신의 각 기능이 특히 활성화되는) 건강한 신진대사가 이루어지도록 한다.

SCN은 신경돌기로 신호를 전달하는데, 이 돌기들은 두뇌의 여러 주요 영역으로 뻗어있어 각 영역에서, 가령 연쇄적인 기상신호의 첫 마디를 이루는 코르티코트로핀(부신피질 자극호르몬)의 분비를 촉진하는 호르몬(부신피질자극호르몬 방출 호르몬, CRH)이나 솔방울샘(송과선pineal gland)에서 생산되는 밤 호르몬인 멜라토닌 등 전달물질의 분비를 자극한다. 체온조절이나 장기기능 등 무의식적으로 이루어지는 많은 과정도 중추시계가 주재한다. SCN의 신호를 직접 받지 못하는 신체 부위는 SCN이 조절하는 호르몬이나 체온 변동으로부터 간접적으로 신호를 받는다.

그리하여 저녁에는 체온이 떨어져서 졸립다. 그리하여 냉온교호욕(냉욕과 온욕을 교대로 하는 것)이나 이완 연습, 기타 팔다리의 혈액순환을 좋게 하는 방법은 잠이 잘 오도록 해준다. 집에서 그리 어렵지 않게 실행할 수 있는 여러 방법들은 체내시계의 신호를 뒷받침하면서 이런 효과를 발휘하는 것이다.

따라서 사이뇌에 있는 중추시계인 SCN은 체내 시간과 외부 시간을 연결해준다고 할 수 있다. 이를 위해 중추시계는 멜라놉신 세포들이 망막으로부터 전달해주는 밝기에 대한 신호에 유의한다. SCN이 이미 저녁을 가리키는데 눈에 많은 빛이 들어오면 SCN 시계는 뒷걸음질친다. 반면 SCN이 아직 늦은 오후를 가리키는데 망막으로부터 전달되는 메시지가 깜깜한 어둠을 신호하면 유전자 속의 시계추는 한동안 속도가 빨라져 세포 내 시간이 약간 앞당겨진다.

반면 시간 신호장치time-giver인 빛이 중추시계의 리듬과 맞아떨어지면, 가령 태양이 중천에 떠있을 때 중추시계가 정오(한낮)를 가리키면 중추시계의 시간은 기존의 리듬을 고수한다. 그리하여 점심을 먹은 뒤 야외에서 산책을 해주면 적절하게 진행하고 있는 SCN 세포의 신호를 더 강화할 수 있다.

이것은 매우 중요하다. 중추시계의 세포가 자신의 리듬이 맞다는 것을 확인받을 경우 더 자신있고 더 큰 소리로 똑딱거릴 수 있기 때문이다. 이런 긍정적인 피드백은 우리의 신체 건강에도 매우 긍정적으로 작용한다.

우리 대부분이 휴가 중에 직관적으로 따르게 되는 이런 중요하고도 간단한 원칙을 가능하면 일상에서도 내면화해야 한다. 생체시계의 진행을 돕고 강화시켜주는 모든 조처는 우리의 신체와 정신에 유익하며, 각종 질병을 예방해준다. 우리의 건강을 유지시켜주며, 양질의 삶을 더 오래 향유할 수 있도록 해준다.

이런 인식은 새로운 시간 문화로 나아가기 위한 토대이며, 매우 중요한 이 책의 기본 메시지이다.

둔해지는 시간감각

멜라놉신 세포와 간뇌의 중추시계가 직접적으로 연결되는 것은 매우 중요하다. 그로써 우리의 체내시계가 지구 자전과 동시진행하고, 우리의 전반적인 신체기능도 그렇게 될 수 있기 때문이다.

이런 메커니즘은 석기시대에는, 아니 18세기 농경사회까지는 문제 없이 잘 돌아갔다.

그런데 인공조명이 발달한 현대로 접어들면서 장애가 생겼다. 현대인들은 어두침침한 거실, 사무실, 강의실, 혹은 교실에서 대부분의 시간을 보낸다. 출근이나 등교마저 햇빛이 들지 않는 지하철이나 창을 어둡게 선팅한 승용차를 이용한다. 점심도 구내식당 같은 곳에서 먹고, 운동마저 실내의 피트니스센터를 이용한다. 심지어 태양이 빛나는 날에도 말이다. 조깅, 암벽 등반, 자전거 타기 등 본래 야외에서 하던 운동을 이제는 실내에서 한다. 그러나 망막의 빛센서에게 한낮의 피트니스센터는 해질녘의 야외보다 더 밝지 않다.

게다가 햇살이 환한 야외에라도 나갈 때면 많은 사람들이 선글라스를 낀다. 빛이 너무 눈부셔서 감당할 수 없다고 말하지만 밝은 빛이 익숙하지 않을 뿐이다. 아니면 패션코드가 더 중요하거나.

베를린 세인트 헤트비히 병원에서 신경정신과 환자들을 위한 수면치료실을 운영하는 시간생물학자 디터 쿤츠는 10명의 건강한 사람들을 대상으로 이와 관련한 실험을 하였다. 쿤츠는 실험 대상자들로 하여금 4일간 특별제작한 안경을 끼고 생활하게 하였는데, 안경테 안에 광센서를 장착해넣음으로써 그들이 일과 중에 어느 정도의 빛에 노출되는지를 측정하였다. 결과는 끔찍했다. 실험 대상자들은 시종일관 눈에 충분한 빛을 받지 못하는 것으로 나타났다.

시간 단위로 측정된 평균 밝기 값은 실험기간 내내 단 한 번도, 그 누구에게서도 50룩스를 넘지 않았다. 50룩스는 일반적인 거실 조명 밝기다. 흐린 겨울날에도 야외의 조도는 2,000~3,500룩스이며, 햇살이 빛나는 날에는 10만 룩스에 달한다. 쿤츠는 실험 대상자들이 지속적인 어둠 속에서 살고 있다는 결론을 내렸다. "결과 값을 처음 보았을 때 우리는 눈을 의심했어요. 측정이 잘못된 줄 알았어요."

많은 사람들이 하루 종일 어두침침한 공간에서 지낸다는 것은 어제오늘 알려진 사실이 아니다. 하지만 사람들이 햇빛 가운데로 나가는 시간이 그렇게나 적으며, 햇빛 아래서도 밝은 하늘을 거의 올려다보지 않는다는 것은 상대적으로 새로운 사실이다. 그리고 이것은 정말이지 부정적인 결과를 동반한다. 간뇌에 위치한 중추시계가 점점 약하게 진행하며, 종종 리듬이 자꾸 늦춰지기 때문이다.

그렇게 우리는 점점 시간감각을 잃어가고 있다. 세포와 장기의 생체시계는 종종 불확실하고 모호한 메시지를 받는다. 그 결과 생체리듬은 평평해지고, 자꾸 서로 어긋나고, 자연적인 밤낮의 리듬과 동기화되기가(동시진행하기가) 점점 더 힘들어진다.

그러다가 상황이 더 안 좋아지면, 어느 순간 신진대사에 문제가 오고 비만, 동맥경화, 인슐린 불감증이 생길 위험이 증가한다. 소화가 안 되고 신경이 예민해지고 기분이 자꾸 저하된다. 수면장애가 생기고 심리질환의 위험이 더 높아지는 것은 말할 나위도 없다.

비만, 당뇨, 심근경색, 뇌졸중, 암, 대사증후군, 우울증이 리듬을 상실한 삶과 관련있음을 지적하는 이는 비단 시간생물학자들만이 아니다. 신경정신과와 내과 의사들 역시 같은 이야기를 한다. 체내리듬이 흐트러지면, 신체와 두뇌의 신진대사가 균형을 잃고 만성 질병이 생길 위험이 높아진다는 걸 보여주는 연구결과가 한둘이 아니다.

그래도 해결책은 있다. 우리가 몸소 경험한 휴가를 기억하기만 하면 된다. 낮에 더 많은 햇빛을 쬐어주는 것이 필요하다.

내 머리에 밝은 빛을!

2001년 독일은 피사PISA 충격에 휩싸였다. PISA란 OECD에서 시행하는 국제학업성취도 평가다. 각국 학생들의 학업성취도를 비교분석해 결과를 제시하는 악명 높은 테스트로 널리 알려져 있다.

2001년 거의 국가적인 트라우마를 불러일으켰던 것은 독일 아이들의 시험 결과였다. 독일 아이들의 학업성취도는 (교육과 문화적 수준이 높은 나라라는 자부심에 걸맞지 않게) 참가국 중 평균 수준에 머물렀다. 그 이래 교육정책가, 학부모, 학자, 교사, 그리고 (자원해서는 아니겠지만) 학생들은 전력을 다해 흠집난 민족적 자부심을 회복하기 위해 애를 썼다. 어쨌든 노력은 헛되지 않아 독일 아이들의 테스트 결과는 매년 1.5점가량 상승하고 있다. 2013년 12월에는 독일 학생들의 피사 점수가 평균을 훨씬 웃돌아, 이전에 저만치 앞섰던 캐나다, 핀란드와 같은 그룹으로 분류되면서 피사 충격을 너끈히 상쇄했다.

평가에 따르면 12년 동안 엄청난 노력을 쏟은 덕에 피사 테스트 결과는 5~7퍼센트 상승하였다. 뭐, 나쁘지 않다. 그리고 이제 여러 연구가 교실의 조명만 좀더 밝게 개선한다면 결과가 더 좋아질 것으로 예상하고 있다.

너무 단순하게 들릴지 몰라도, 정책입안자들이 교실의 전등을 새로운 것으로 교체하는 데 예산을 좀더 할당해주었더라면 많은 학생들의 성적이 향상되었을 거라는 이야기다.

시간생물학자와 아동심리학자들은 이미 오래 전부터 교실 조명을 개선하면 학생들의 집중력과 학습능력이 올라갈 거라고 말했다. 체계적인 연구결과가 여럿 나오면서 교실 조명을 개선해달라는 목소리는 점점 커지는 상황이다. 함부르크에서 이루어진 실험에 따르면 전등의 밝기만 개선해도 독서 속도가 9개월 만에 9퍼센트 신장되는 것으로 나타났다!

생체시계를 고려할 때 조명과 관련하여 두 가지, 즉 밝기와 색온도 color temperature가 중요하다. 즉 색스펙트럼이 단파장 영역에 있어 빛이 파르스름한 흰색(블루화이트)의 차가운 느낌인지, 아니면 장파장을 많이 함유하고 있어서 노르스름하고 따뜻한 색을 띠는지 말이다. 2,000 룩스 이상의 광도에 파르스름한 흰색을 띠는 5,500켈빈(색온도의 측정 단위는 켈빈이다) 이상의 빛은 야외의 햇빛에 특히 가깝다. 생체시계의 중요한 측정 센서들은 그런 빛에 가장 잘 반응한다. 망막에 있는 멜라놉신 세포들은 480나노미터 파장의 빛에 가장 민감하게 반응하는데 그런 파장에는 차가운 블루화이트 빛이 많이 들어있다.

독일 표준공업규격DIN-Standard 제5035항은 교실의 조명을 300룩스에 4,000켈빈으로 할 것을 명시하고 있다. 이는 일반적인 네온등 정도로, 아이들의 생체시계에 그리 "어필"할 수 없는 수준이다.

함부르크 에펜도르프 대학병원 소아청소년 신경정신과 과장인 미하엘 슐테-마르크보르트는 그런 침침한 조명은 아이들의 주의력과 집중력을 높일 수 없다고 말한다. 미하엘 슐테-마르크보르트 팀은 2011년 함부르크 데이터를 발표하여 많은 주목을 이끌냈다.

미하엘 슐테-마르크보르트 팀은 초등학교 두 학급을 택해, 이들 학급의 천정에 9개월간 필립스에서 제공하는 조절가능한 특수 전등을 설치하고는 일반 조명 아래서 지낸 다른 두 학급과 비교를 하였다. 조절가능한 최신 조명이 설치된 공간에서 교사와 학생들은 일곱 가지 다양한 단계로 조명의 변화를 줄 수 있었다. 휴식시간에는 불그스레하고 편안한 "익스트림 릴랙스Extreme Relax" 조명을 이용하였으며, 집중이 요구되는 공부시간과 시험시간에는 "콘센트레이트Concentrate" 상태를 선택했다. "콘센트레이트Concentrate" 상태는 조도 1,060룩스에 5,800켈빈의 블루화이트 색으로 자연광에 가장 가까웠다.

심리학자들이 학생들의 의욕 등 다양한 변수로 이 두 그룹을 비교한 결과, 꽤 오랜 시간 최신 조명을 활용한 것만으로도 통계적으로 유의미한 차이를 가져온 것으로 드러났다. 그리하여 연구가 끝날 무렵, 최신 조명시설을 갖춘 반에서 공부한 아이들은 읽기에서 비교 그룹 아이들보다 실수가 더 적었다. 물론 테스트는 동일한 조명 가운데서 이루어졌다.

그러나 슐테-마르크보르트에게 가장 깊은 인상을 준 것은 독서 속도 면에서 드러난 결과였다. "최신 조명 아래서 공부한 아이들은 조명으로 말미암아 집중력이 상승해 다른 아이들에 비해 분당 3.5단어를 더 읽었다." 최신 조명이 설치된 학급의 아이들은 실험이 진행되는 기간 동안 독서 속도가 16퍼센트 증가했고, 다른 그룹의 아이들은 7퍼센트만 증가하여 9퍼센트의 차이를 보였다.

"익스트림 릴랙스" 유형의 마음을 편안하게 하는 조명도 좋은 효과를 발휘하였다. 교사들은 분주한 학교 일과 가운데 책 읽어주는 시간에 이런 조명으로 조절해 아이들에게 휴식을 선사했는데, 이 조명 아래서 아이들은 평소보다 산만한 경향이 확연히 줄어들었다.

함부르크의 실험결과는 그동안 여러 연구를 통해서도 확인되었다. 네덜란드와 중국의 연구팀도 동일한 조건에서 비슷한 결과에 도달하였다. 슐테-마르크보르트는 나아가 성인들을 대상으로 한 실험에서도 밝은 블루화이트 조명이 타액 속 코르티솔 호르몬 농도를 증가시킨다는 사실을 밝혀냈다. 코르티솔 호르몬 농도 증가는 주의력 증가를 확인하기 위해 종종 활용되는 지표이다.

안녕히 주무셨어요?

초등학교를 대상으로 한 연구에 고무되어 텔레비전 방송도 조명 효과를 확인하겠다고 나섰다. 2012년 여름 ARD 방송은 랑가 요게시 와와 프랑크 엘스트너가 진행하는 〈빅쇼: 자연의 기적〉 프로그램 차 원에서 수학시간에 독일 표준 조명을 설치한 학급과 필립스 프로그 램의 "콘센트레이트" 조명을 설치한 학급을 테스트하였다. 슐테-마 르크보르트는 이런 실험을 앞두고 약간 긴장했다. 이런 어쭙잖은 학 문적 실험이 엉뚱한 결과를 도출시킬 수도 있기 때문이었다. 하지만 결과는 기대 이상이었다. 밝은 조명 아래서 시험을 본 아이들은 비교 그룹 아이들보다 정답률이 5분의 1정도 더 높았다.

물론 이와 같은 텔레비전 실험은 신빙성이 높지는 않다. 그럼에도 불구하고 진지한 연구결과들과 완벽하게 맞아떨어졌다.

신경정신과 전문의 슐테-마르크보르트는 "독일 학교의 조명시설 은 극도로 열악하다"고 개탄을 한다. 언제까지 이런 상태로 내버려둘 것인가?

이 소중한 햇살

오래 전부터 스위스 바젤 대학교에서 생체리듬에 영향을 주는 요소 들을 연구하고 있는 크리스티안 카요헨은 "빛은 그 무엇과도 비교되 지 않는 가장 강력한 시간 신호장치"라고 말한다. 그의 발언은 학생들에게만 적용되는 이야기가 아니다. 오히려 반대다. 나이가 들수록 외적인 시간 신호장치는 더 중요하다. 간뇌에 있는 중추시계를 구성하는 신경세포는 나이가 들면서 감소하기 때문이다. 이것은 정상적인 노화과정이다. 그럴수록 우리의 시간감각은 햇빛 같은 외적인 자극에 더 종속된다.

낮에 야외에서 많은 시간을 보내는 사람은 가장 강력한 시간 신호장치인 빛을 특히 잘 활용한다고 할 수 있다. 하루 최소 15분씩만이라도 규칙적으로 햇빛을 쬐어주면 생체리듬이 안정되고 강화되며 아울러 생체시계가 정확히 진행하는 데 도움이 된다.

낮 동안 눈에 들어오는 밝은 빛의 영향에 대해서는 그동안 많은 연구가 이루어졌다. 햇빛이 긍정적인 작용을 한다는 건 의심할 바가 없다. 햇빛은 성취능력과 집중력을 높여줄 뿐 아니라 통증을 경감시키고 생체리듬을 안정시키고 강화시킴으로써, 여러 질병을 예방해준다.

암스테르담의 뇌과학자 에우스 판 소메렌이 15년 전에 발표한 연구는 아주 유명하다. 소메렌 팀은 뒤죽박죽이 된 알츠하이머 환자들의 생체리듬을 빛치료(라이트 테라피)만으로 안정시키는 데 성공하였다. 소메렌은 양로원 천정에 햇빛을 모방한 전등을 설치하고는, 낮 동안에만 전등을 켰다. 이런 자극은 양로원의 일상을 단번에 긍정적인 쪽으로 변화시키기에 충분했다.

밤에도 잠들지 못하고 종종 복도를 배회하던 많은 환자들은 밝은 빛 덕분에 자연적인 리듬을 되찾았다. 치매 후유증으로 시간감각이 계속적으로 상실되고 있었지만, 새롭고 강력한 시간 신호장치는 그들의 생체시계를 다시금 자극하여 환자뿐 아니라 양로원 직원들까지 제때에 더 단잠을 이룰 수가 있었다.

그 이래 이런 연구결과는 종종 확인되었고, 점점 더 많은 양로원이 밝은 조명을 설치하는 것은 물론 낮 동안 입주 노인들이 가급적 자주 야외활동을 하도록 독려한다.

시간생물학과 관련하여 의학적 연구가 많은 이유는 특정 생활방식에서 어느 정도로 유익을 얻을 수 있는지를 신체적으로 극한 상황일 때 입증하기가 더 쉽기 때문이다. 그러나 어떤 생활방식이 환자의 상태를 개선시킨다면 건강한 사람들에게도 당연히 유익할 것이다. 그런 생활방식은 일반인들이 건강을 유지하고 에너지를 재충전하는 데에도 도움을 준다.

가령 치매에 걸리지 않은 건강한 노인들도 생체리듬이 약화되어 힘들어하는 경우가 많다. 강연을 하다보면 노인들로부터 잠을 이루기 힘들어졌다거나 밤에 오랜 시간을 깨어 뒤척인다거나 얕은 잠을 잔다는 등의 탄식을 자주 듣는다. 하지만 노인들은 낮에 꾸벅꾸벅 졸기 일쑤이며, 무엇보다 낮잠을 길게 잔다. 그러면 낮잠으로 인해 밤에 다시금 잠들기 더 어려워진다. 밤잠을 설쳐 고통스러운 노인들은 낮 동안 가능하면 야외활동을 많이 하며 햇빛을 쐬어주는 게 좋다.

중년의 건강한 사람들도 마찬가지다. 아침에 최소 30분간 선글라스를 쓰지 않고 도보로 출근하는 것이 하루의 가장 이상적인 시작이라 할 수 있다. 시간생물학자 디터 쿤츠는 오전의 햇빛샤워는 대부분의 사람들에게 이중의 이득을 준다고 강조한다. "아침 햇빛은 정신이 나게 만들고, 생체리듬을 강화시킨다(생체시계의 진폭을 강화시킨다)"는 것이다.

함부르크의 미하엘 슐테–마르크보르트를 위시한 많은 전문가들은 그런 이유에서 알람조명(웨이크업 라이트wake-up light) 사용을 권한다. 알람조명은 잠을 깨워줄 뿐 아니라 강력한 발광력으로 마지막 남은 밤의 메신저 멜라토닌을 순환혈액으로부터 몰아내어 버린다.

따라서 생체리듬을 강화하는 조처는 여러 국민질환이나 스트레스 질환을 예방하는 데 매우 중요하다. 특수 램프를 활용한 빛치료(라이트테라피)가 오래 전부터 계절성 우울증에 효과를 보이는 것은 공연한 일이 아니다. 늦가을이 되면 중부유럽 사람 10명 중 한 명이 경증의 계절성 우울증에, 50명 중 한 명이 중증의 계절성 우울증에 시달리는데, 이것은 생체리듬이 흐트러지면서 생기는 것으로 보인다. 낮이 짧아져 햇빛이 부족한 탓이기도 하다.

빛이 필요하다고 느끼는 사람은 라이트테라피용 램프를 구입하여 책상 위에 두고 일하는 도중 종종 빛을 쐬면 좋을 것이다. 다른 가족들에게 방해가 되지 않는다면, 램프를 식탁 위에 두고 일찌감치 아침식사를 할 때부터 빛을 쐬어도 좋다(실제로 이를 통해 가족 모두가 유익

안녕히 주무셨어요?

을 얻을 수도 있다).

빛샤워를 더 자주, 오래 할수록 효과도 좋다. 합쳐서 하루 30~60
분은 해주어야 한다. 라이트테라피용 램프는 자외선을 방출하지 않아
자주 쳐다보아도 망막 손상을 걱정할 필요가 없다. 밝기는 2500~1만
룩스로, 신제품은 파란색 계열의 빛을 많이 함유하고 있다.

최근에는 빛치료가 계절적 원인을 갖지 않는 일반 우울증에도 효
과가 있는 것으로 입증되었다. 바젤의 카요헨 박사는 "우울증 환자들
을 매일 낮 7시간씩 밖으로 내보내면 치료에 아주 도움이 될 것"이라
고 지적한다. 신경정신의학에서 빛의 효과는 아직 "대체로 과소평가
되고 있다"면서 말이다. 그의 동료 슐테-마르크보르트 역시 "심하지
않은 우울증은 종종 빛으로 효과적인 치료가 가능하다"고 확인한다.

의학 연구결과의 신뢰성을 검증하는 국제코크란연합Cochrane
Collaboration의 분석도 10년 전에 이미 비슷한 결론에 도달하였으며 기
초연구 또한 우울증이 생체리듬 장애를 동반하는 경우가 많다는 사
실을 속속 발견하고 있다.

카요헨보다 앞서 바젤 대학교 시간생물학과에 몸담았던 뉴질랜드
출신 시간생물학자로 시간감각에 미치는 빛의 영향에 대한 연구의
선구자격인 안나 윌즈-저스티스 역시 빛과 생체리듬, 우울증의 상관
관계에 천착하고 있다. 최근 윌즈-저스티스 팀은 약을 복용할 수 없
는 형편인 우울증 임산부들을 대상으로 실시한 빛치료를 통해 우울

증이 확연히 경감되었다는 사실을 보여주었다.

이탈리아 프란치스코 베네데티의 유명한 연구도 빛의 중요성을 확인해준다. 밀라노 산 라파엘레 대학병원의 신경정신과 전문의인 베네데티는 해가 잘 드는 남향이나 남동향의 병실에 입원했던 환자들이 다른 병실 환자들보다 평균적으로 더 빠르게 퇴원했음을 발견하였다. 햇빛을 더 많이 받은 것이 빠른 회복에 도움이 되었던 게 틀림없다. 그 이래 베네데티는 햇빛샤워와 낮잠 박탈, 약물치료를 결합하여 중증 우울증 환자들을 치료하는데, 약물만으로 치료하는 것보다 훨씬 신속하고 지속가능한 효과를 보이고 있다.

전문가들은 이런 효과를 건강한 사람들의 일상에도 적용해, 밝은 햇빛을 활용하는 것뿐 아니라 실내 공간에 자연광을 닮은 조명을 설치할 것을 권한다. 슐테-마르크보르트는 학생들을 대상으로 시험했던 조명시설을 함부르크의 알토나 소아병원에도 활용하고 있다. 그는 "낮에는 밝은 블루화이트 조명으로 집중력과 주의력을 높이고, 저녁에는 어둡고 따뜻한 조명으로 휴식을 돕고 있다"며 "효과 만점!"이라고 자신있게 외친다.

몇 년 뒤 LED 조명기술이 지금보다 더 좋아지면, 활용가능성은 더 높아질 것이다. 크리스티안 카요헨은 "그렇게 되면 자연광을 모방하여 아침에는 밝고 차가운 조명을, 저녁에는 따뜻하고 침침한 LED 조명을 이용할 수 있는 천정 조명시설"이 확산될 것으로 전망한다.

안녕히 주무셨어요?

슈투트가르트 프라운 호퍼 노동경제 및 조직 연구소의 엔지니어들은 이미 권적운이 움직이는 하늘을 모방한 LED 천정 조명시설을 개발하였다. 사무실 근무자들은 그런 조명시설 아래서 자연에 있는 듯한 기분을 느낀다. 집중력이 높아지고 민첩해지며 업무 효율성이 높아진다. 천정에 300개의 흰색 혹은 다양한 색깔의 LED 전구가 장착된 타일을 설치하는데, 제곱미터당 비용은 약 1,000유로 정도다.

유럽연합도 자연광을 모방하는 코룩스Coelux 프로젝트를 지원하며 "생각해보세요. 창문이 없는 공간에 앉아있는데도 태양이 직접 얼굴을 비추는 듯한 기분이 되는 겁니다."라고 홍보하고 있다. 유럽연합은 "자연광의 물리적·광학적 효과를 실내공간에서 느낄 수 있도록 하는" 이 프로젝트에 250만 유로를 투자하였다.

나노구조 재료를 사용하여 "자연 대기 속 빛의 산란"을 모방하는 이런 LED 발광소자는 2014년 말 1단계 개발이 완료되었는데, 테스트 결과 "밀실공포증이 있는 사람도 코룩스Coelux 조명 하에서는 기분 좋고 편안하게 느끼는 것"으로 나타났다고 이탈리아 코모 대학교 파올로 디 트라파니는 말한다.

물론 직접적인 야외활동이야말로 최고로 좋다. 많게는 10만 룩스에 달하는 햇빛의 밝기는 그 어떤 LED 조명도 따라잡을 수 없기 때문이다. 산이나 바다로 휴가를 가는 것이 계절성 우울증에 대한 최상의 치료법이다.

하루 종일 야외에 나갈 기회가 없었다면 해질녘 여분의 빛을 받으며 산책하는 것도 좋은 영향을 끼친다는 점을 명심하라. 자신과 맞지 않는 리듬을 억지로 따르지만 않는다면 말이다. 뮌헨의 시간생물학자 틸 뢰네베르크는 6년 전 인터넷을 통한 대규모 설문조사 결과를 공개하였다. 그에 따르면 출근하지 않아도 되어 자명종을 맞춰놓지 않은 날, 즉 주말이나 휴가 중에 독일 동쪽 끝에 사는 주민들은 그보다 태양이 36분 늦게 뜨는 서부독일 주민들보다 평균 34분 일찍 잠자리에 들었다고 한다.

이런 현상은 우연이 아니다. 그 옛날 그렇게 중요했던 시간 신호장치인 빛에 대해 현대인도 아주 민감하게 반응한다는 사실을 보여준다. 다만 이런 감각이 24시간 분주하게 돌아가는 사회의 훨씬 더 강한 자극 앞에서 무력해졌을 따름이다.

우리의 생체시계에 빛이 미치는 영향이 얼마나 중요한지를 알았으니 이를 적극적으로 활용해야 한다. 이것이 시간을 잘 관리하는 중요한 첫 걸음이다. 자, 그리하여 정치계, 사회계, 그리고 나의 소중한 독자들에게 보내는 나의 첫 웨이크업wake up! 요구는 다음과 같다.

야외활동이 갑이다

빛치료 연구 분야의 걸출한 여성학자인 뉴질랜드 출신 안나 윌즈−저스티스는 "우리의 학문이 새로운 국면에 접어들었다"고 말한다. 의사들은 드디어 시간에 중점을 둔 새로운 차원의 의학을 발견했으며, 거기서 빛은 가장 중요한 치료제 중 하나다.

환자들을 돕고 질병을 예방하는 데 중요한 수단이라면 건강한 사람에게도 유익할 게 틀림없다. 윌즈−저스티스는 "현대인은 여러 생체리듬의 동시진행(동기화) 상태가 나빠지기 십상이다"라고 지적한다. 바로 그런 불균형을 바로잡는 데 좋은 도구가 있다. 낮에 더 많은 햇빛을 쬐는 것이다!

슈퍼 시간 신호장치인 빛의 도움으로 생체리듬을 더 강화시키기 위해 중요한 규칙과 제안은 다음과 같다.

● 오전에 야외활동을 많이 하라. 등교나 출근을 할 때 가급적 걷거나 자전거를 이용하라. 재택근무자들은 아침에 바깥 일을 보라(장을 본다든지, 운동이나 산책을 한다든지). 일하는 중에도 밖으로 나가 자주 신선한 공기를 마셔라.

- 선글라스를 착용하지 말고, 의식적으로 한 번씩 밝은 하늘을 쳐다보라 (때로 예외가 있는데 그에 대해서는 나중에 살펴보겠다).

- 여가시간도 가능하면 야외에서 보내야 한다. 실내든 야외든 상관없는 활동은 가급적 야외에서 하라. 신선한 공기를 마시며 조깅하는 게 지하실에서 런닝머신을 타는 것보다 백 배는 낫다.

- 야외활동이 여의치 않은 사람들은 자연광을 모방한 램프나 라이트테라피 램프의 도움을 받아라. 적절한 시간에 기상하기 힘든 사람, 또는 기상한 후 침대에서 빠져나오기가 힘든 사람은 추가적으로 알람조명을 활용하면 좋다.

- 고용주들은 사무실이나 회의실, 공장 등에 가능하면 밝은 조명을 설치해야 한다. 자연광을 모방한 전등을 달고, 남쪽이나 남동쪽으로 커다란 창문을 내고, 여의치 않은 경우 채광구라도 설치해야 한다. 상황에 따라 의사와 상의 하에, 각 책상이나 작업 장소에 라이트테라피용 램프를 설치할 수도 있다.

- 고용주들은 직원들이 점심시간을 제외한 업무시간 중 최소 두세 차례 15분 정도 신선한 공기를 마시며 쉴 수 있도록 배려해라. 오전에 한두 번, 오후에 한 번 정도 말이다. 날씨가 몹시 흐린 날에는 업무공간에 자연광

을 모방한 조명을 켜면 좋다.

- 특히 학교, 병원, 양로원은 자연광을 닮은 조명시설을 갖추고 커다란 창
  문을 구비해야 한다. 학생들이 쉬는 시간을 가능하면 야외에서 보내게
  하라. 학생들도 아주 좋아할 것이다.

- 되도록 햇빛이 실내에 잘 비쳐들 수 있도록 커튼과 블라인드를 열어놓
  아라(예외에 대해서는 나중에 살펴보기로 하자).

- 낮의 빛샤워 및 활동 시간대를 준수하는 일은 나이든 사람에게 특히 중
  요하다. 노화가 진행됨에 따라 중추시계의 기능도 저하되므로, 외부의
  시간신호를 더 적극적으로 활용해야 한다.

- 앞으로 빛치료에 관한 연구가 더 많이 이루어지고, 긍정적인 효과가 확
  인될 경우 건강보험 당국은 빛치료 활용에 대해 보험 처리를 해주어야
  한다.

2장

더 많은 어둠을!

삶은 리듬이다

삶은 리듬이다. 생명은 음악이다. 주기적인 리듬이 없이 생명 유지는 불가능하다. 생물학적 시스템은 늘 똑같은 상태를 싫어하기 때문이다.

우리가 눈을 고정시켜 영원히 같은 지점을 바라본다면, 곧 아무것도 보이지 않게 될 것이다. 지속적인 소음에 노출될 때 귀는 민감성을 잃어버린다. 근육 역시 이완되지 않으면 위축되고 만다. 신경이 자극을 조절할 수 없게 된다면, 신경은 더 이상 신호를 처리하지 못한다. 두뇌가 데이터를 받아들이는 모드(깨어있는 상태)에서 처리하는 모드(수면상태)로 옮겨가지 않으면 능력을 유지하지 못한다.

따라서 휴식과 활동의 교대는 생물학적 기본원칙이다. 그리고 그 기본적인 리듬을 정하는 것은 물리학이다. 진화는 생리적 리듬을 능숙하게 활용하였다. 외부 환경의 박자를 미리 예측하는 것은 유기체에겐 어마어마한 유익이다. 어떤 동물들은 해뜰 때부터 활동하는 것이 도움이 되고, 어떤 동물들은 첫 서리가 내리기 전 겨울잠에 들어가는 것이 유익이 된다. 인간 역시 본능적으로 60~100조 개의 세포들이 연결되어 구성하는, 고도로 복잡한 시계의 리듬을 따른다.

학자들은 자연의 시계가 어디에서, 어떻게, 왜 그렇게 진행하는지를 연구한다. 눈덩이처럼 불어나는 인식은 곧 삶을 변화시키라는 메시지이기도 하다. 한편 삶을 변화시키기 위해서는 대부분 사회의 변화가 선행되어야 한다. 그러므로 학문적 인식이란 많은 이에게 사회의 변화를 적극적으로 요구해야 한다는 의미이기도 하다. 1장에서 나는 낮에 밝은 빛을 받는 것이 좋은 이유를 설명하였다. 자, 이젠 밤의 어둠이 좋은 이유를 살펴볼 차례다.

밝음과 어두움. 이것은 우리 삶의 중요한 리듬이다. 이 리듬은 수십억 년 전부터 지구의 자연과 생명체의 삶을 좌우해왔다. 그러나 현대인들은 낮에 햇빛을 보는 일이 드물어진 만큼, 밤에 깜깜한 어둠에 처하는 일도 드물어지고 있다. 현대인의 밤은 너무나 밝다. 그리하여 우리의 생체리듬은 균형을 잃고 있다. 생명은 곧 리듬과 직결되기에, 이런 경향은 생명에 부담을 준다.

쥐를 대상으로 한 실험에서 약 12시간의 자연적인 리듬이 아닌, 3시간 반의 리듬으로 빛과 어둠을 교대시켰다. 그랬더니 전체적인 수

안녕히 주무셨어요?

면양이 줄어들지는 않았고 쥐들의 생체시계는 놀랍게 그 상황에 적응하는 듯했으나, 그들의 심적 건강이 위태로워지는 것으로 나타났다. 쥐들은 우울증과 비슷한 증세를 보였으며 호르몬 수치상 만성 스트레스에 놓여있음을 신호하였다.

이런 실험결과 앞에서 현대인은 자신의 삶을 돌아보아야 한다. 호모 파베르, 즉 창조하고 도구를 활용하는 인간은 현대에 들어 가장 중요한 시간 신호장치인 빛의 자연스런 변화를 체계적으로 무력화시키고 있으니 말이다. 위의 실험 쥐와 마찬가지로 우리의 생체리듬 역시 방해를 받아 흐트러지거나 지속적으로 약화하고 있다. 그 결과로 주어지는 만성 스트레스는 처음에는 모호하게 나타난다. 왠지 모르게 능률이 떨어지고, 시간이 흐르면서 차츰 집중력이 흐트러지며, 수면의 질이 떨어진다. 그러다 체력과 에너지가 고갈되면서 자꾸 살이 찌며, 결국 질병이 찾아온다.

2013년 미국 미시간 대학교 분자신경학연구소 소장인 생물학자 후다 아킬 팀은 생체리듬의 토대를 증명하였다. 이들은 갓 사망한 사람들의 뇌에서 여러 부위의 세포를 채취하여 사망 시점의 유전자 활성화 상태를 규명하고자 하였다.

각각의 유전자는 특정 생분자를 위한 설계도를 담고 있으므로, 뇌세포를 채취해 유전자 활동을 분석하면 사망 시점에 이 세포가 어떤 과제에 몰두하고 있었는지를 알 거라는 계산에서였다.

즉, 죽음이 세포의 주기적 과정 중 특정 순간을 동결시켰을 것이라고 가정했다. 실제로 연구자들은 채취한 세포의 유전자를 분석해 사망 시각과 세포 안의 유전자 활동 간 일련의 체계적 연관들을 발견하였고, 아킬은 "유전자 활동의 교향곡"에는 우리의 하루 리듬이 나타난다고 결론내렸다. 이미 말했듯이 삶은 리듬이며, 생명은 음악이다.

연구자들은 데이터로부터 각 세포 내부의 주기적 과정을 세세하게 재구성해 나중에는 두뇌 세포의 유전자 활성화 패턴만 보고도 해당하는 사람의 사망 시간을 알아낼 수 있을 정도가 되었다. 그런데 더 흥미로운 것은 두 번째 발견이었다. 우울증 환자들의 경우 유전자 활성화 패턴이 체계적으로 변형되어 있었던 것이다. 마치 그들의 분자생물학이 부분적으로 균형을 벗어난 것처럼 보였고, 이런 부분은 평균적으로 실제 시간보다 3시간 뒤처져 있었다. 아킬에 따르면 "사망 시간과 전혀 다른 시간대에 있었다."

이런 결과는 생체리듬 장애가 우울증을 유발하는 것은 아닌지 하는, 오래된 의심을 다시 품게 한다. 확실한 점은 생체리듬 장애가 병적 우울증의 필연적인 동반자라는 사실이다. 불면증을 비롯해 생체리듬이 어긋나거나 저하되면서 빚어지는 증상들이 우울증을 동반하는 게 공연한 일은 아닐 것이다. 그리하여 이미 살펴보았듯이 빛치료처럼 생체리듬을 의도적으로 강화시키는 치료가 우울증에 큰 효험을 보이는 듯하다.

각 세포들 유전자 활동의 상승과 하강이 얼마나 강력한지는 다음의 두 가지 숫자만 보아도 알 수 있다. 우선 우리 몸 각각의 체세포에 있는 모든 유전자 중 15퍼센트가 하루 주기 리듬을 보인다는 것, 즉 시계 단백질의 지시를 따른다는 것이다. 가령 간에서는 알코올 탈수소 효소ADH : alcohol dehydrogenase 유전자, 즉 알코올을 분해하는 효소 유전자가 아침보다 저녁에 더 강하게 활성화된다. 그리하여 오전에 샴페인을 마시고 취해본 경험이 있는 사람은, 저녁이었더라면 전혀 무리가 없을 양이었는데도 아침엔 몸이 좋지 않았던 기억을 떠올릴 수 있을 것이다.

두 번째로 신체의 어떤 부분에서는 10개의 유전자 중 9개가 하루 리듬으로 진동하는 활동을 보여준다. 그러니까 우리 몸은 고도로 복잡하게 조직되고 서로 섬세하게 조절되는 무수히 많은 분자생물학적 시계들의 모음이다. 그밖에도 우리는 하나의 리듬에만 복종하지 않고, 수백 개의 리듬을 따른다. 뮌헨의 시간생물학자 틸 뢰네베르크는 이와 관련하여 생체시계는 체내에서 아주 다양한 과정을 결정해서 "12시간 이전의 자기 자신보다 동일한 시점의 임의의 두 사람이 더 비슷하다"고 말했다.

이런 원칙을 파악하면 생체리듬의 고점을 강화시키는 것으로는 충분하지 않다는 사실을 알 수 있다. 생물학적 시간감각이 유익을 얻으려면 동시에 저점을 끌어올리지 않아야 한다.

클라이맥스 때의 높이가 아니라 진동의 진폭이 중요하다. 따라서 우리는 밝은 낮과 어두운 밤을 대비시켜야 한다.

지빠귀에게서 배우기

지빠귀에게서 무엇을 배울 수 있을까? 지저귀면서 생동감 있게 이리 저리 폴짝폴짝 날아다니는 것? 그것 말고 또 있다. 생물학자들은 신경질적으로 울어댈 수도 있고 아름답게 노래할 수도 있는 이 검은 새를 최근 밤 연구의 모델동물로 선택하였다. 정확히 말해 밤 자체에 관한 것이 아니라, 밤이 사라지는 것이 복잡한 유기체에 미치는 영향에 대한 연구였다.

1879년 10월 21일 토마스 에디슨이 전구를 발명한 이후 인간들은 밤을 낮으로 만들었다. 어둠은 점점 더 많은 인공적인 빛에 자리를 내어주고 있다. 지구가 밤에 내뿜는 빛의 양은 거의 11년마다 두 배로 불어나고 있으며, 지구의 조명은 매년 약 6퍼센트씩 증가하고 있다. 인공적인 빛을 밝히기 위해 들어가는 에너지는 전 지구적인 에너지 소비량의 19퍼센트를 차지한다. 전에 인공위성으로 찍은 지구 사진을 보면 인구 과밀지역에만 빛이 밀집되어 있었지만 이제는 전 세계적으로 거대한 조명 양탄자가 펼쳐져 있다.

그러나 많은 나라들이 이렇게 빛으로 오염되어 지구상에서 육안으로 은하수를 분간할 수 있는 지역이 거의 없다는 것 자체는 그리 큰 문제가 아니다. 밤에도 빛을 뿜어내는 수많은 인공조명으로 말미암은 빛 공해가 우리의 생체시계에 실로 부정적인 영향을 미친다는 사실이야말로 중대한 문제다.

에디슨의 발명품은 이미 오랫동안 인간의 시간감각에 영향을 미쳐왔다. 인공조명은 간뇌의 중추시계가 계속 교대되는 밤과 낮의 축을 통해 정확하게 돌아가는 데 점점 문제를 유발한다.

지난 장에서 살펴보았듯이 낮에 충분한 빛을 받지 못하는 것은 밤의 빛 공해보다 더 큰 문제일 것이다. 그러나 저녁에 빛 공해에 시달리는 것도 장기적으로는 에너지를 앗아간다. 이런 문제를 의식하는 것은 상대적으로 새로운 일이지만, 그렇다고 사안이 덜 급한 것은 아니다.

하지만 그것이 지빠귀와 무슨 관계일까? 21세기 대도시에 사는 지빠귀들의 삶은 아주 힘겹다. 조용하고 어두운 숲에 사는 지빠귀들처럼 대도시의 지빠귀들 역시 아침 여명부터 지저귀기 시작하지만, 그들의 소리는 도시의 소음에 묻혀 들리지 않는다. 새벽부터 자동차들이 이리저리 질주하고 공장, 발전기, 환기구 돌아가는 소리로 시끄럽다. 대도시는 결코 조용해지지 않는다.

아울러 지빠귀들은 우리 인간들처럼 빛 공해로 인해 시간감각을 상실하고 있다. 저녁의 대도시는 더 이상 깜깜해지지 않기 때문이다.

유럽의 밤 어두운 지역을 찾기가 점점 더 힘이 들어지고 있다. 빛 공해로 인해 인간과 동물의 체내시계가 고통받고 있다.

곳곳에서 가로등 전조등 조명광고가 빛나며, 그중 많은 것들이 밤새도록 빛을 발한다. 그리하여 불쌍한 새들은 대체 하루가 언제 끝나는지를 도무지 알지 못한다. 더 가늠하기 힘든 것은 대체 아침이 언제 다시 시작되는가이다.

결국 노래하는 새들의 생체리듬은 흐트러진다. 생체시계가 가속돼 더 일찍 활동을 시작하고 더 늦게 휴식에 들어가게 되며, 이로 인해 매일 40분간 수면 손실이 일어난다. 글래스고의 연구자들과 라돌프첼 소재 막스플랑크 조류학연구소의 최신 인식에 따르면 그렇다.

2013년 라이프치히 헬름홀츠 환경연구센터도 대도시 지빠귀들이 지저귀는 시간을 분석하여 상대적으로 손상되지 않은 아우발트의 자연 속에 사는 지빠귀들과 비교하였다. 결과는 예측하던 그대로였다. 빛으로 오염된 대도시 공원에 사는 지빠귀는 아우발트 자연 속의 지빠귀보다 최대 2시간 일찍 지저귀기 시작했다.

이 역시 밤의 인공조명이 동물들의 체내시계를 뒤죽박죽 헝클어뜨리기 때문인 것으로 보인다. 연구결과 빛 공해가 심할수록 새들의 노래도 일찍 시작되는 것으로 나타났다. 공해의 정도와 노래 시작 시간은 어느 수준까지는 정비례 그래프로 나타났다.

2013년에 세 번째로 공개된 지빠귀 연구는 이에 대한 생물학적 배경을 규명하였다. 야간조명이 새들의 체내에서 밤의 호르몬인 멜라토닌 수치를 감소시킨다는 사실이 확인된 것이다. 멜라토닌은 체내 시간에 중요한 역할을 한다.

빛과 멜라토닌 사이의 연관성은 인간에게서도 일찌감치 입증된 바 있다. 연구자들은 1980년에 최초로 야간 인공조명이 송과선(골윗샘)에서 멜라토닌 분비 감소를 유발한다는 것을 확인하였다. 그런데 당시 연구자들은 효과를 확인하려는 의욕이 앞선 나머지 실험에서 인공조명의 조도를 한껏 높였고, 그 탓에 아무도 이 데이터를 진지하게 받아들이지 않았다. 하지만 최근 3년간 여러 연구자들이 일반적인 실내조명 수준인 200룩스보다 더 약한 빛에서도 멜라토닌 분비가 줄어드는 현상을 관찰하였다.

그러므로 많은 사람들이 주의를 기울이지 않고 지나치는 일반적인 야간조명이 두뇌 속 중추시계를 어긋나게 만들 가능성은 매우 높다고 볼 수 있다. 체내의 시간감각은 이 시간이 어두울 거라고 예상을 하므로 낮보다 훨씬 더 적은 빛의 양에도 민감하게 반응하는 듯하다. 그리하여 야간조명은 밤의 메신저 멜라토닌 농도가 상승하는 걸 자꾸 방해한다. 그러다 보면 사람들은 졸음이 오지 않아 더 늦은 시간에 잠자리에 들게 되고, 수면의 질도 떨어진다. 밤에 늦게 잔만큼 아침에도 늦잠을 잘 수 있다면 좋지만 그럴 수도 없는 일 아닌가.

질병역학자들은 야간조명이(멜라토닌 분비 감소로 인한 것으로 추정되는데) 암 발병 위험을 높일 수도 있다고 지적한다. 밤의 호르몬 멜라토닌이 암을 유발하는 유전자 손상을 복구하기 때문인지도 모른다. 아무튼 이런 지적으로 인해 세계보건기구WHO는 야간근무(특히 인공조명에 강하게 노출되는 야간근무)를 암 유발인자 리스트에 포함시켰다.

낮에 밝은 빛이 중요한 것처럼 늦은 저녁과 밤에는 어둠이 중요하다. 어두운 밤은 우리의 리듬을 안정시키고, 일찌감치 졸음이 오도록 하며, 수면의 질을 높이고, 다음날 생동감 있게 활동할 수 있도록 해준다. 저녁의 어둠은 두뇌 속의 샘에서 밤의 호르몬 멜라토닌이 적시에 충분히 분비되도록 해주며, 이것은 생체시계에 긍정적인 영향을 미친다.

망막 결함으로 멜라놉신 세포가 기능하지 않는 맹인들을 돕는 의사들은 이런 효과를 이용한다. 이런 맹인들의 생체시계는 뒤죽박죽

되어있는 경우가 많다. 체내의 중추시계가 외부 조도에 대한 피드백을 받지 못하기 때문이다. 그래서 그들은 벙커실험 대상자들과 비슷하게 외부세계와 동시진행하지 않는(동기화되지 않는) 자신만의 리듬으로 살아가게 된다.

이런 맹인들에게 멜라토닌 알약을 처방해 잠자리에 들기 직전 규칙적으로 복용하게 하면 멜라토닌 제제가 밤의 시작을 알리는 신호 역할을 해서 생체리듬을 외부 시간과 동시진행시키기에 충분하다. 비행이 잦은 사람들도 시차증을 줄이기 위해 멜라토닌 제제에 의지하기도 한다.

아침에 빛샤워가 중요하다면 밤에는 멜라토닌이 중요하다. 멜라놉신 세포가 잘 기능하는 사람들은 체내시계를 강화하는 데 빛샤워가 가장 효과적이다. 빛샤워는 직접적으로는 멜라놉신 세포에서 중간뇌로 이어지는 신호전달을 통해, 간접적으로는 체내에 남아있는 여분의 밤호르몬 멜라토닌을 혈액 내에서 얼른 몰아내버리는 역할을 함으로써 생체시계를 강화시킨다.

생체시계는 저녁에 멜라토닌 농도를 상승시키는 한편 체온을 떨어뜨린다. 이것은 피로한 신체에게 이제는 수면 모드로 옮겨가라는 가장 중요한 신호이다. 이제 신체의 긴장과 간과 신장의 활동, 두뇌의 주의력과 정보수용력은 떨어진다. 반면 면역계, 정기적으로 재생되는 피부 등 다른 기관들은 더 활발히 일하기 시작한다. 수면상태가 이렇게 몇 시간 계속되다 보면 멜라토닌 농도가 차츰 떨어지고 코르티솔 농도(수치)가 증가한다. 신체는 새로운 날을 준비하는 것이다.

그러나 부적절한 시간에 인공조명이 빛을 발하여 생체시계가 균형을 벗어나면 문제가 생긴다. 앞서 언급했듯이, 몇 년 전까지의 예상과는 달리 늦은 저녁과 밤에는 적은 양의 빛만으로도 인체의 호르몬 순환에 차질이 빚어지는 것으로 나타났다. 인공조명은 작은 틈새처럼 중요한 호르몬 멜라토닌을 조금씩조금씩 새어나가게 만든다. 그러면 생체리듬은 평평해지고, 우리의 건강에 매우 중요한 정상적인 수면구조는 깨어진다.

옛날에 토마스 에디슨은 전등은 "건강에 전혀 위험하지 않으며, 양질의 수면을 침해하지 않는다"고 주장했다. 천재 발명가는 최소한 이점에서는 착각을 했던 것 같다.

빛의 어두운 얼굴

밤에 욕실등을 켜지 않고 깜깜한 욕실에서 양치질을 하면 어떨까? 웃자고 하는 말이 아니다. 말도 안 되는 발상이라고 할지 모르지만, 그리 나쁜 생각이 아니다. 물론 칠흑 같은 어둠 속에서는 양치질을 할 수 없다고 생각한다면 촛불을 켜거나 파란빛이 들어가지 않은 따뜻한 노란빛의 흐릿한 조명을 설치할 수 있을 것이다. 이런 조명은 아늑할 뿐 아니라 편안하며, 무엇보다 밤시간에 우리의 시간감각을 침해하지 않는다.

시간생물학자 디터 쿤츠는 앞서 이야기했듯이 안경테에 장착한 빛 센서를 통해 대부분의 사람들이 낮에 어두컴컴한 데서 살아간다는 것을 발견했다. 뿐만 아니라 안경실험 분석결과 다수의 실험 대상자가 하루 중 시간생물학적으로 가장 방해를 받는 순간이 밤에 밝고 차가운 빛 아래 욕실 거울을 쳐다볼 때라는 사실을 발견하였다.

쿤츠는 잠시 후면 수면을 취해야 하는데 하필 그 시간에 다시금 굉장히 밝은 빛에 노출된다는 것은 "생물학적으로 볼 때 가히 불행한 일"이라고 강조한다.

밤에 욕실에서 이를 닦거나 세수를 하는 시간은 상대적으로 짧기 때문에, 지금까지의 일반적인 연구는 그런 빛에 노출되는 것을 거의 감안하지 않았다. 장시간 지속되는 빛의 영향만 분석한 것이다.

"저녁에 4시간 연속 밝고 하얀 빛을 받는 사람이 누가 있겠는가?" 라고 쿤츠는 말한다. 저녁에 사람들은 대부분의 시간을 거실에서 따뜻하고 노란 백열등 아래에 있다가, 잠시 동안만 욕실의 강한 빛 가운데로 나아간다. "현실에서 많은 사람들의 야간조명 상태는 대충 이럴 거예요. 조명이 밝은 휘트니스센터에 갔다가, 은은한 간접조명의 거실에 있다가, 어두침침한 스탠드 불빛에 의지해서 책을 읽다가, 욕실의 밝은 네온 등 빛으로 들어가는 식이죠."

그리하여 쿤츠 팀은 2013년 저녁에 30분간의 다양한 광원에 노출되는 것에 미치는 영향을 연구하였고, 눈에 띄는 상관관계를 확인해 냈다. 연구결과 파란색 비율이 높은 직접조명에 생체시계가 민감하게 반응하는 것으로 나타났다.

매일 밤 자연스럽게 상승하던 멜라토닌 수치는 테스트 조명의 영향으로 말미암아 중간에 떨어졌다가 뒤늦게 힘겹게 다시 상승했다. 그리하여 밤에 짧은 시간일지라도 밝은 빛에 노출되면 졸음이 찾아오는 시간이 늦어지고, 숙면에 들지 못한 채 자주 깨는 일이 일어난다. "노란 욕실등(배쓰룸 옐로)"이라 불리는 따뜻하고 흐릿한 조명만이 실험대상자 9명의 생체시계에 부담을 주지 않는 것으로 나타났다.

쿤츠 팀의 연구는 유감스럽게도 실험 대상자 수가 너무 적었다. 따라서 이런 실험결과가 더 신빙성 있는 것으로 인정되려면 후속 연구가 이루어져야 할 것이다. 그러나 이 실험결과는 기초연구에서 얻은 이전의 인식과 맞아떨어지며, 많은 다른 연구결과도 이를 뒷받침해주므로 몇 가지 결론을 도출해내어도 무방할 듯하다.

우선, 최소한 불면증이 있거나 밤에 적절한 시간에 잠을 이루지 못해 힘든 사람은 조명을 점검해보아야 한다는 것이다. 밝고 차가운 빛을 내뿜는 조명은 저녁과 밤에는 꺼두어야 하며, 저녁 조명은 되도록 따뜻한 색의 어두운 조명이라야 한다. 클래식한 25와트짜리 전구나

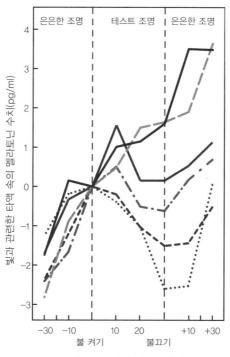

각성케 하는 조명 저녁 30분간의 빛샤워는 두뇌가 밤이 되었음을 신체에 신호하는 수단인 멜라토닌 호르몬의 자연적인 상승을 방해한다(9명의 평균치). 검은 선: 계속적으로 은은한 조명 가운데 있었을 때(최대 10룩스): 위부터 아래로 나머지 점선들: 온백색(웜화이트: Warmwhite)의 어두운 조명인 "노란 욕실등"(130lx, 2000켈빈); 차가운 백색 사무실 조명(500룩스, 6000켈빈); 백색 욕실등(130룩스, 6000켈빈); 주광등(500룩스, 5000켈빈); 온백색(웜화이트) 밝은 조명(500룩스, 2000켈빈).

촛불, 최근에 나온 몇몇 특수 LED 램프가 저녁용으로 적당하다.

　디터 쿤츠 연구에서 "노란 욕실등Bathroom yellow"이라 표기된, 생체시계에 영향을 미치지 않는 조명의 밝기는 130룩스, 색온도는 2000켈빈의 것이었다. 점점 더 많은 조명회사가 포장에 와트 수뿐 아니라 색온도인 켈빈값(K)도 명시하고 있으므로 구입할 때 약간만 주의를 기울이면 저녁에 생체시계를 불필요하게 뒤처지게 하는 일은 없을 것이다.

반면 늦은 밤까지 깨어 집중해야 할 일이 있는 사람은 저녁에 의도적으로 밝은 조명(가령 500룩스에 5000켈빈)을 활용하면 된다. 다만 이런 경우 아침에 충분히 늦잠을 잘 수 있는 환경이라야 신체에 무리가 없다. 그렇지 않다면 저녁을 인공적으로 오후로 만들고, 이어지는 새벽을 늦은 밤으로 만드는 이런 전략은 어쩔 수 없이 수면부족으로 이어진다. 수면부족이 얼마나 나쁜 영향을 미치는지는 다다음 장에서 자세히 이야기할 것이다.

밤의 빛 공해는 우리의 신체에 또 하나의 장기적인 영향을 미칠 수 있다. 즉 계절 감각을 앗아가 호르몬 대사를 변화시키는 것이다. 동물들이 계절에 따른 멜라토닌 농도 변화를 생체 달력의 신호로 활용한다는 것은 익히 알려진 사실이다. 밤이 짧아지는 여름에는 24시간 내내 멜라토닌이 겨울보다 적게 분비된다. 겨울에는 밤이 길어 멜라토닌이 충만하다.

새들이 털갈이를 하거나 남쪽으로 날아가는 시점, 수많은 포유류의 수태 시기는 이런 신호를 통해 리듬을 탄다. 그리하여 요즘의 목축업자들은 가령 양으로 하여금 생물학적으로 맞지 않는 계절에 (억지로) 새끼를 수태하도록 멜라토닌을 의도적으로 투입하기도 한다.

안녕히 주무셨어요?

인간의 경우 멜라토닌이 미치는 이런 종류의 영향은 쉽게 드러나지 않는다. 인간은 털갈이를 하거나 수태율에 연중 변동이 있는 것도 아니다(수태율의 경우 근소하지만 연중 통계적 차이가 있기는 하다. 최소한 옛날에는 가을과 봄의 수태율이 좀더 높았다.) 그러나 인간에게도 생체 달력이 존재한다는 몇몇 암시가 있다. 가령 우리는 겨울에는 좀더 많이 먹고 대부분의 경우 여름보다 체중이 불어나는데, 야간조명과 그로 인한 멜라토닌 분비 감소가 이런 생체 달력에 영향을 끼칠 것임은 분명하다.

바젤의 시간생물학자 크리스티안 카요헨을 비롯한 많은 학자들은 오늘날 100년 전보다 평균적으로 사춘기가 이른 나이에 시작되는 현상이 밝은 야간조명으로 인해 멜라토닌 수치가 감소하는 것과 관계가 있다고 본다.

길고 어두운 밤에 분비되는 많은 양의 멜라토닌이 성적 성숙을 늦춘다는 암시들은 여럿 존재한다. 그리하여 전문가들은 특히 자라나는 아이가 저녁에 인공조명에 많이 노출되는 것을 우려한다. 아이들이 밝은 조명에 노출되면 체내리듬이 늦어져 밤에 오랫동안 집중해서 공부를 할 수 있을지는 모른다. 그러나 반대급부로 호르몬 체계가 변화되어 성조숙증을 유발할 수도 있다.

어둠, 내일로 가는 징검다리

2007년에 나는 빌란트 바케의 텔레비전 토크쇼 〈나이트 카페〉에서
진행한 "잠 없이, 꿈 없이, 쉼 없이"라는 토론에 참가하였다. 그 자리
에서 2013년에 고인이 된 캬바레티스트(무대에서 주로 정치나 사회적 테
마를 풍자하는 코미디언) 디트리히 키트너를 개인적으로 만나는 행운을
누렸다. 디트리히 키트너는 그 방송에서 자신의 수면 리듬에 대해 이
야기하였는데, 새벽 4시 전에는 잠을 자는 법이 없으며, 대신 다음날
오후 2시에야 비로소 하루 일과를 시작한다고 하였다. 그래서 자신은
완벽하게 야행성 리듬에 맞는 직업을 선택한 것 같다고.

그러나 순서는 거꾸로였을지도 모른다. 특별한 직업이 그를 야행
성 인간으로 만들었을 수 있다. 키트너는 유머와 좌파적 성향뿐 아니
라, 거의 비인간적인 스케줄을 소화하는 직업인으로 유명했다. 그는
정말로 일을 위해 몸을 바치듯이 살았다. 30년 넘게 〈메이드 인 저머
니〉 〈임 베스텐 니히츠 트로이에스〉 〈눈물의 전쟁〉 같은 프로그램으
로 연간 200회에 육박하는 솔로공연을 소화해냈다.

쉬지 않고 순회공연을 하는 동안 키트너는 느지막이 체크아웃해도
되는 호텔에만 묵었다. 객실에 암막커튼이나 롤블라인드가 설치돼
있는지, 점심때쯤 아침을 먹을 수 있는지도 아주 중요하게 여겼다.

방송이 끝난 뒤 대화를 하면서 나는 키트너에게 빛이 생체시계에
미치는 영향에 대해 이야기를 했다. 그는 허허 웃으며 "내가 가장 밝

은 빛을 받을 때가 언제인지 알아요?"라고 물었다. "저녁에 무대에서 스포트라이트를 받을 때라오. 그것도 거의 매일."

놀랄 일이 아니다. 태생적으로 평균보다 늦은 리듬을 타고난 데다가, 매일 저녁 본의 아니게 밝은 빛을 받다보니 생체시계가 더욱 뒤처지게 되었을 것이다. 공연을 하는 동안 분비된 아드레날린도 그가 야행성 라이프스타일을 구사하는 데 한몫 했을 것이다. 아드레날린은 리듬을 바꾸지는 못하지만, 오랫동안 깨어있게 한다.

또 하나의 사례로, 최근 친하게 지내는 화가 한 사람이 밤에 잠들 수가 없다고 탄식하였다. 대부분 자정이 지나자마자 잠자리에 들었는데 웬일인지 요즘에는 거의 매일 새벽 2시까지 잠이 오지 않는다는 것이다. 그는 힘이 빠진 채 전에는 결코 그런 일이 없는데 왜 그런지 모르겠다며, 삶에서 바뀐 것이 하나도 없는데 그렇다고 했다.

하지만 내가 이것저것 묻자 그는 몇 달 전부터 밤 11시까지 그림 작업을 해왔다고, 작업을 위해 작업실에 밝은 조명을 달아놓았노라고 말했다. 그로써 취침을 방해하는 원인은 밝혀졌고, 곧 문제가 해결되었다. 나는 그 화가더러 이제 밤 9시까지만 그림 작업을 하고 이후에는 불가피한 경우 밝은 조명이 필요없는 다른 일들을 하라고 조언했다. 그러자 잠들기 힘들어하던 증상은 사라졌다.

카바레티스트와 화가의 예, 무엇보다 현대 과학은 밤에도 빛이 얼마나 결정적일 수 있는지를 가르쳐준다. 바젤의 시간생물학자 카요헨을 위시한 많은 연구자들은 야간조명을 아주 신중하게 투입하라고 경고한다. 2011년, 카요헨은 저녁에 장시간 컴퓨터 모니터를 들여다보면 우리의 신체와 정신에 측정가능한 영향이 초래된다는 것을 증명함으로써 주목을 받았다.

카요헨 팀은 실험 대상자들로 하여금 저녁마다 4시간씩 컴퓨터 앞에서 과제들을 해결하게 했다. 실험 대상자들은 최신 LED 모니터를 활용했는데 모니터 밝기에서 파란색이 차지하는 비율(454~474나노미터)을 높일 수도, 줄일 수도 있었다. 그랬더니 놀랍게도 모니터에서 파란색 비율을 높일 경우 멜라토닌 분비가 줄어들어 신체에 밤을 준비하라는 신호가 제대로 전달되지 못하는 것으로 나타났다.

파란색 비율이 높은 모니터 앞에서 작업한 사람들의 경우 졸음이 더 늦게 찾아왔고, 밤 늦게까지 정신적인 명민함을 유지했다. 그리하여 컴퓨터 작업을 하는 동안 더 높은 기억력과 집중력을 발휘했다. 반면 파란색 비율을 낮추자 이런 효과는 나타나지 않았다.

카요헨은 "우리는 이런 인식을 의도적으로 활용해야 할 것"이라고 말한다. 전자업계가 사용자의 시간생물학적 필요를 겨냥한 모니터를 개발해주면 좋겠다고 말이다. 밤에도 이메일을 읽을 수는 있겠지만 그 뒤 얼른 잠을 이루기를 원하고 생체시계에 영향을 초래하고 싶지 않은 사람은 모니터 밝기에서 파란색 비율을 줄이면 좋을 거라는 얘기다.

카요헨은 반대로 저녁이나 밤에 컴퓨터 작업을 하면서 집중해서

안녕히 주무셨어요?

능력을 발휘하고 싶은 사람이라면 "파란색 비율을 의도적으로 올릴 수 있을 것"이라고 말한다. 그러나 여기서도 다음 지적을 빼먹어서는 안 된다. 야간근무를 하려면 디트리히 키트너가 직관적으로 그렇게 했듯이 다음날 아침 늦게까지 충분히 잘 수 있는 환경이라야 한다는 것. 하지만 그게 가능한 사람들은 별로 없어서, 밤늦게까지 컴퓨터를 본 뒤 아침 제시간에 출근하다보면 잠이 부족해진다.

파란색 비율을 자유자재로 조절할 수 있는 모니터는 지금까지 출시되지 않았다. 반대로 스마트폰이 성행하면서 우리 삶에 새로운 광원이 들어왔다. 자기 전까지 컴퓨터 앞에 있는 사람보다 스마트폰을 붙들고 있는 사람이 훨씬 많다. 미국 미시간 주립대학교의 시간생물학자 러셀 존슨은 "스마트폰이 우리의 잠을 망치고 있다"고 말한다. 러셀 존슨은 밤늦게까지 스마트폰을 들여다보는 행동 역시 멜라토닌 분비를 방해한다는 사실을 발견했다. 러셀 존슨에 따르면 "밤 9시 이후 스마트폰을 사용하면 다음날 몸이 무겁고 능률이 저하된다."

요즘은 텔레비전도 LED 모니터들인데다 그 사이즈가 점점 더 커지다보니 방출하는 빛의 양도 동반 상승해, 우리의 생체리듬을 해치는 주범 중 하나로 떠오르고 있다. 사려 깊은 텔레비전 제조업체라면 소비자들이 저녁과 밤에는 파란색 비율이 적은 화면을 대할 수 있도록, 파란색 비율을 조절할 수 있는 이브닝 혹은 나이트 모드를 신제품에 장착해야 할 것이다.

휴가 때 단잠을 자고 아침에 가뿐히 일어날 수 있는 것은 낮에 많은 빛을 받은 것 외에 밤에 빛을 거의 받지 않았다는 점도 한 몫 하는 게 틀림없다. 휴가를 가서는 밤늦도록 컴퓨터 앞에 앉아있거나 밝은 조명 아래 피트니스센터에서 땀을 흘리거나 텔레비전 앞에서 시간을 때우는 대신, 호텔이나 캠핑장의 테라스에 앉아 별을 올려다보기 일쑤다.

아침 일찍부터 야외에서 일을 하는 농부들의 생체리듬이 사무실 노동자들보다 자연스런 밤낮 리듬에 더 가까운 것을 보더라도 낮의 빛과 밤의 어둠이 생체시계에 중요하다는 것을 알 수 있다.

2013년에 발표된 한 연구결과도 그런 사실을 뒷받침해준다. 미국 콜로라도 대학교의 시간생물학자 케니스 라이트 팀은 평균 30세 정도의 실험 대상자 8명을 데리고 록키산맥으로 캠핑여행에 나섰다.

손전등이나 스마트폰 사용은 금지되었고, 유일한 인공조명이라야 밤시간의 캠프파이어뿐이었다. 잠은 아침 햇살이 환히 비쳐드는 텐트에서 잤다. 실험 참가자들은 캠핑장에서 온전히 자신들의 시간감각에 따라 졸릴 때 잠자리에 들고 일어나고 싶을 때 깨어났다. 그런데 그들은 집에서 주말을 보낼 때보다 훨씬 더 일찍 잤고 아침에도 일찍 깨어났다.

그러므로 문명으로 인해 생체시계 리듬에 장애가 생겼다는 말은 맞지 않는다. 빛과 어둠에 직접적이고 자연스럽게 노출되자 효과는 금방 나타났다. 시간 유형상의 개인적인 차이(잠이 드는 시간과 깨어나는 시간의 차이)도 좁혀졌다(시간 유형에 대해서는 다음 장에서 살펴보기로 하자).

실험결과는 학자들의 기대와 맞아떨어졌다. 놀랍게도 일주일 만에 실험 대상자들의 리듬이 자연과 동시진행하게 된 것이다. 그렇다고 수면시간이 평소보다 많이 늘어난 것도 아니었다. 평균적으로 2시간 일찍 잠자리에 들고 그에 상응하게 2시간 먼저 기상했다. 대부분 먼동이 트자마자.

특히 흥미로운 것은 멜라토닌 수치 분석이었다. 캠핑기간 중에 멜라토닌 수치는 깨어나기 전 여명에 이미 뚜렷하게 떨어졌고 깨어난 직후에는 낮 수준에 도달하였다. 실험 대상자들이 집에서 지낼 때보다 빠르게 정신이 들고 능률이 향상되었다는 뚜렷한 표지이다. 실제로는 빛이 아니라 생체시계가 그들을 깨웠다고 할 수 있다. 생체시계는 짧은 기간 사이에 이미 자연적인 상황에 적응했다.

캠핑을 떠나기 전 실험 대상자들은 현대사회에서 전형적으로 볼 수 있는, 약간 뒤로 밀려난 리듬으로 살았다. 그리하여 자정쯤 잠자리에 들고 아침 8시경에 기상하였다. 직업이 없었다면 더 야행성이 되었을 확률이 높다. 대다수 사람들처럼 그들 역시 아침에 제대로 눈이 떠지지 않는 상태에서 기상해 시간이 한참 흐른 뒤에야 정신이 들기 때문이다. 라이트 팀은 그 원인을 밤에 너무 많은 빛을 받고, 기상 전후에는 침실과 거실에 빛이 너무 적어서 생체리듬이 자꾸 밀려나기 때문으로 추측하였다. 일상적인 아침에는 멜라토닌 수치가 캠핑을 갔을 때보다 2시간 더디게 감소하기 시작했다는 사실이 이를 뒷받침한다.

이 연구가 여덟 사람만을 대상으로 이루어졌다는 사실은 유감스럽다. 그러나 이런 연구는 비용이 아주 많이 들어 연구비를 조달하기가 쉽지 않다. 실험 대상자가 비록 적었을지라도 결과는 시간생물학의 일반적인 인식과 맞아떨어지므로, 후속 연구들이 이러한 기본 인식을 확인하게 될 것으로 보인다.

연구의 규모가 작지만, 시간생물학의 많은 다른 결과들에 비추어 볼 때 결과는 명백하다. 낮에 햇빛을 많이 받고 밤에 빛을 받지 않으면 우리는 더 이른 저녁에 졸음이 오고, 더 푹 자고, 더 이른 시간에 가뿐하게 일어날 수 있다. 우리의 조상들은 최소한 이런 점에서 아주 컨디션이 좋았을 것이다.

반면 밤의 인공조명과 아침의 어두컴컴한 침실은 생체리듬을 늦추고, 우리 모두를 아침마다 선잠에서 깨어난 것처럼 굼뜨게 만든다. 그리하여 우리는 원래의 생체리듬보다 더 야행성 쪽으로 나아간다. 케니스 라이트 팀 연구에서 평소 가장 심하게 야행성 경향을 보였던 사람들이 캠핑기간 자연 속에서 지내는 동안 가장 커다란 변화를 경험하였다는 사실도 이런 명제를 뒷받침해준다.

케니스 라이트는 이 연구의 중요한 메시지를 다음과 같이 정리한다. "우리의 실험은 사람들이 낮시간에 받는 햇빛의 양을 늘리고 밤

시간에 받는 인공조명의 양을 줄인다면, 더 일찍 잠들고 일찍 일어나 직장이나 학교의 일과에 더 잘 맞출 수 있음을 보여준다."

그의 조언은 1장에서 정리한 웨이크업 플랜과 이번 장의 웨이크업 플랜과도 맞아떨어진다. 아침에 산책하기, 커튼 열기, 점심에 식사하러 집 밖으로 나가기, 저녁에 조명을 흐리게 하기, 컴퓨터와 텔레비전을 끄기 등등⋯⋯. 이 덕목만 준수한다면, 우리는 아침에 더 상쾌하게 깨어날 게 틀림없다.

케니스 라이트의 말에서 특히 중요하게 다가오는 것은, 우리가 저녁과 밤에 생체시계를 위해 노력하는 것은 밤을 위해서가 아니라 다음날 낮에 더욱 생동감 있게 삶을 누리기 위함이라는 지적이다. 즉 다음날을 위한 에너지와 시간을 되찾기 위해 우리는 노력해야 한다.

따라서 내 웨이크업 요구의 두 번째 부분은 적절한 시간에 더 많은 어둠에 처하는 것을 골자로 한다. 그게 지켜진다면 우리는 밝은 낮시간을 다시금 더 잘 활용하고 누릴 수 있을 것이다.

조명과 컴퓨터를 꺼라

2013년 5월, 미국 하버드 메디컬스쿨의 저명한 수면과학자 찰스 차이슬러는 과학잡지 〈네이처〉에 실은 글에서 "인공조명을 비롯해 현대사회의 많은 특징들이 인간의 수면과 일주기 리듬(서캐디언 리듬), 건강에 어떤 영향을 미치는지에 대해 더 많은 연구가 이루어져야 한다"며 경고의 목소리를 냈다.

차이슬러는 조명기술이 우리를 오래 전에 24시간으로 이루어진 자연스런 하루 리듬에서 멀어지게 만들었다면서, 신체적·정신적 건강을 심각하게 위협하는 만성 수면부족은 그로 인해 빚어진 중대한 결과 중 하나라고 지적한다. 그런데도 인공조명이 만성 수면부족의 원인으로 제대로 인식되지 않는다는 사실을 그는 우려한다.

차이슬러는 인공조명으로 인해 사람들의 시간생물학적 활동 클라이맥스는 오후에서 저녁시간으로, 이전의 저녁은 밤으로 옮겨왔지만 아침은 더 늦게 시작되지 않기에 밤이 점점 더 짧아지는 상황이라고 말한다. 그러면서 라이프스타일을 변화시켜 시간을 착취하고 인간을 병들게 만드는 경향을 되돌려야 한다고 목소리를 높였다.

여기 밤을 더 어둡게 만들어 우리의 생체리듬을 자연의 리듬에 맞추고, 하루의 스트레스를 줄이는 데 도움을 줄 만한 제안들이 있다.

- 집에서든 직장에서든 낮 동안에는 밝고 차가운 느낌의 하얀 조명(500룩스 이상, 최소 5,000켈빈)을, 늦은 오후부터 특히 저녁과 밤에는 욕실을 포함한 모든 공간에서 어두침침하고 노란 빛을 띠는 조명(최대 130룩스, 2,000켈빈)을 활용하라. 예외적으로 깨어 집중할 일이 있을 때는 저녁에도 밝은 조명을 활용할 수 있겠지만 그런 조명은 잠을 앗아간다는 점을 명심해라.

- 퇴근을 해보니 어스름하거나 이미 어두워졌다고 해도 여가활동은 되도록 신선한 공기를 마시며 야외에서 하는 것이 좋다. 어둑어둑한 공원에서 조깅을 하거나 운동을 하는 것이 피트니스센터의 밝은 조명 아래서 운동을 하는 것보다 훨씬 낫다.

- 늦은 저녁에는 조명이 밝은 장소를 피하라. 영화관에 갔다면 되도록 뒤쪽에 앉아라. 여름밤 늦은 시간에도 어두워지지 않는다면(특히 독일이나 북구 같은 데서만 해당하는 말) 상황에 따라 선글라스를 착용해주는 것도 좋다(이에 대해서는 나중에 더 자세히 살펴보겠다).

- 잠자리에 들 시간이 가까워오면 컴퓨터, 스마트폰, 텔레비전은 모두 꺼라. 이메일 확인이나 뉴스 시청은 되도록 다음날 아침으로 미루라. 대신

흐린 스탠드 조명 아래 침대에 누워 책을 읽거나(흐린 조명이 눈에 해롭지 않다는 것은 이미 입증되었다), 조용히 이야기를 나누거나, 음악을 들어라. 이렇게 하면 생물학적 밤의 메신저인 멜라토닌 농도가 빠르게 상승할 뿐 아니라 긴장을 풀어주어 눈꺼풀이 감기게 될 것이다.

● 그럼에도 모니터를 활용해야 한다면, 모니터의 밝기를 가능한 어둡게 설정하고 480나노미터 영역의 파란빛이 방출되지 않도록 주의해야 한다. 오늘날 이미 색상을 조정할 수 있는 특별한 소프트웨어가 출시되어 있다. 전자업계는 추가적으로 시간에 따라 색 스펙트럼을 조절할 수 있는 모니터와 디스플레이를 개발하면 좋을 것이다.

● 일찌감치 잠자리에 들어 빨리 잠을 이룰 수 있다면, 침실에 커튼을 치지 말고 아침 햇살이 환하게 들어오게 함으로써 자연적인 리듬에 대한 적응효과를 강화시키면 좋다. 이 같은 조치는 수면이 그다지 부족하지 않을 때 시행할 수 있다. 수면이 부족한 경우에는 방에 커튼을 쳐서라도 아침 수면시간을 더 확보하는 게 좋다(저녁에 너무 일찍 졸음이 와서 걱정이라면 반대로 조명의 도움을 받을 수 있다. 그에 대해서는 나중에 자세히 살펴보기로 하자).

● 지방자치단체가 적극적으로 나서서 빛 공해에 대해 여러 가지 조치를 취한다면 국가 전체의 절전으로까지 이어질 수 있다. 가

령 가로등이 지금보다 훨씬 어두워도 교통안전에는 문제가 없는 것으로 증명되었다. 요즘 난무하는 조명광고 사용을 줄이고, 역사적 건축물 같은 곳을 돋보이게 하려고 밤에 장식조명을 켜두는 일을 최소한으로 줄여야 한다.

- 야간조명의 부정적 결과에 대한 학문적 인식들이 굳어지면, 정치가들은 노동법상의 규정 개정을 서둘러야 할 것이다. 밝은 조명 아래 야간근무를 한 사람들은 외부의 방해 없이 푹 자고, 일러도 점심때쯤에 출근할 수 있도록 배려해주어야 한다(교대근무에 대한 자세한 이야기는 다음에 할 것이다).

3장

자명종을 치워라

올빼미와 종달새에 대하여

모두가 그들을 안다. 말쑥한 옷차림에 생기 있고 스마트한 모습으로 아침 일찍 사무실에 출근해 뒤늦게 도착하는 이에게 기분 좋은 인사를 건네는 사람들. 아침부터 탁월한 아이디어를 쏟아내는 사람들. 그들의 책상은 아침 8시면 벌써 말끔하게 정돈되어 있다. 전날 못 끝낸 과제들을 이미 다 처리했기 때문이다. 밤 사이 도착한 이메일에는 당연히 답변이 끝났다. 이미 오전 간식까지 먹은 상태. 당일 일간지 내용도 줄줄 꿰고 있다.

이런 사람들은 커피도 잘 마시지 않는다. 기껏해야 차나 마실까. 대부분은 물로 만족한다. 온 사무실이 이른 아침 그들이 뿜어내는 활기로부터 유익을 얻는다.

뒤늦게 속속 도착하여 커피 먼저 들이켜고 보는 사람들은 10시 이전에는 농담을 해도 제대로 웃지도 못한다. 11시 이전에는 사람들과 어울리는 것도 어려워하며, 기분이 착 가라앉아 있기에 중요한 전화는 정오 이후에야 비로소 가능하다. 오전엔 신경이 예민하며 적잖이 짜증스럽다. "저 사람들은 어떻게 저리 아침부터 호호해해 할 수가 있는 거지? 일어나자마자 기운 뻗치는 약이라도 먹은 걸까. 대체 무슨 비결이 있기에 이른 아침부터 연신 노래를 흥얼거리냐고……."

"아침 시간은 입안에 문 황금이다." 또는 "일찍 일어나는 새가 벌레를 잡는다."

아침형 인간들이 즐겨 하는 속담이다. 그들은 보통 자명종도 없이 제시간에 발딱발딱 일어난다. 물론 기분을 상승시키는 약 같은 건 먹을 필요도 없다.

그들은 새벽 5~6시, 심지어 새벽 4시에 외부의 개입 없이 잠에서 깬다. 이어 여유있게 아침운동을 하거나 강아지를 산책시키고 집안일을 하고 신문을 읽고, 그런 다음에는 풍성한 아침식사를 즐긴다. 이미 식욕이 제대로 돌기 때문이다. 그러고는 능률이 하루의 첫 정점에 이를 무렵에 출근을 한다. 대부분은 다른 동료들보다 한참 전에 사무실에 도착한다.

주말이 되면 이들은 다른 사람들이 비로소 하루 중 첫 숟가락을 뜰 무렵에 점심식사를 한다. 대신 저녁에는 일찌감치 눈이 감긴다. 초저녁만 지나면 아침형 인간들의 수다는 갑자기 끊긴다. 저녁에 카드놀

이를 하거나 퇴근 후 운동을 한 뒤 수다를 떨 때면 아침에 구제불능
이었던 야행성 인간들은 물 만난 제비처럼 신이 나는 반면 아침형 인
간들은 저녁 회식자리에서는 잼병이 된다.

　저녁형 인간들은 아주 다르다. 밤에는 늦도록 잠이 안 오고 자명종
이 울리는 아침에는 몸이 천근만근이다. 아침 9~10시 혹은 11시 전
에 일어나는 것은 그들에게 아주 커다란 고통이다. 정오는 되어야 입
맛이 돌고, 기분도 그쯤에서야 좋아진다.
　대신 그들은 오후 늦게, 아니 저녁때쯤에 진정으로 발동이 걸린다.
그리하여 동료들이 지친 채 퇴근을 할 때 그들은 기꺼이 1~2시간 초
과근무를 한다. 그제야 능률이 오르고, 집중해서 창의적으로 일할 수
있기 때문이다. 아침에 미루어두었던 이메일에 답장을 쓰는 일을 순
식간에 처리한다. 지지부진했던 서류 작성도 갑자기 거의 저절로 해
결된다. 새로운 아이디어가 샘솟는다.
　이런 사람들은 회식자리나 파티에서 종종 끝까지 남는다. 저녁형
인간의 기분이 아주 "업"될(혹은 술이 많이 취할) 즈음 다른 사람들은
하품을 해대며 지루해하고, 회식 주재자마저 힘겨워하지만 정작 저
녁형 인간은 이 상황을 눈치채지 못한다. 나쁘게 생각할 수도 없는
일이다. 그들은 단지 그 시간엔 전혀 졸리지 않은 것이니까.

　사람들의 생체시계는 서로 다르게 진행된다. 어떤 사람은 하루 일

과에서 대다수 사람들보다 늘 앞서가고, 어떤 사람은 늘 뒤처진다. 시간생물학자들은 이런 현상을 설명하는 데 시간 유형chronotype이라는 용어를 사용하며 앞이나 뒤로 많이 치우친 시간 유형에 재미있는 별명을 붙여주었다. 늦게 일어나는 사람들을 올빼미라 하고, 일찍 일어나는 사람을 종달새라 부르는 것이다.

종달새의 리듬은 앞쪽으로 치우쳐 있다. 아침에는 일찌감치 눈이 떠진다. 그러나 저녁에는 늦은 시간까지 깨어있기 힘들다. 이들에게 하루 중 가장 능률적인 시간은 이른 오전과 점심시간 직후이다.

올빼미들은 아주 다르다. 이들은 리듬이 뒤처진다. 밤늦게까지 졸리지 않은 대신 아침에는 눈을 뜨기가 힘들다. 능률의 첫 정점은 정오쯤에야 찾아오고, 늦은 오후나 저녁때쯤 다시 한 번 클라이맥스에 이른다. 올빼미들이 종달새보다 평균적으로 잠이 더 많은 것은 아니다. 그러므로 아침에 늦게 일어나는 사람들을 "잠꾸러기"라고 부르는 것은 온당치 않다.

인간의 시간 유형이 서로 얼마나 다를 수 있는지는 전문가들도 놀랄 정도다. 뮌헨의 시간생물학자 틸 뢰네베르크는 "심한 올빼미들은 심한 종달새들이 기상할 때쯤, 즉 새벽 4시쯤에야 비로소 잠자리에 든다"고 말한다. 뢰네베르크는 가능하면 자신의 생체리듬에 맞춰 사는 것이 건강에 가장 좋다고 하면서도 "하지만 심한 올빼미와 심한 종달새가 결혼하는 경우는 문제가 있을 것이다"라고 농담을 한다.

심한 올빼미나 종달새들은 자신들의 생물학적 수면-각성 리듬에 따라 지내기가 어렵다. 모든 올빼미들이 캬바레티스트 디트리히 키트너처럼 자신의 생체리듬에 적합한 직업에 종사할 수는 없기 때문이다. 또한 종달새들이 주말에도 새벽같이 일어나 저녁 모임에서 맥을 못 추면 주변의 원성을 듣기 십상이다.

따라서 대부분의 사람들이 이런 양극단의 중간에 위치하는 것은 다행이라 할 수 있다. 생체시계의 템포는 유전자에 의해 결정되는데, 한 가지가 아니라 여러 유전자가 결정한다. 그리고 가령 수면 욕구나 신장과 마찬가지로 시간 유형도 정규분포(정상분포)를 따른다. 그리하여 많은 사람들은 생체리듬이 그리 많이 앞서거나 뒤처지지 않는다. 보통은 평균적인 유형에서 중도(중간 정도)의 올빼미나 종달새 정도에 분포한다. 신장 분포에서 대다수가 평균 정도의 키이며, 아주 크거나 작은 사람은 소수인 것처럼 시간 유형 분포에서도 심한 올빼미나 종달새 유형은 소수이다.

하지만 시간 유형의 반경(범위)은 꽤 넓어서 가령 중도의 종달새와 중도의 올빼미 사이에는 몇 시간의 간격이 벌어진다. 그러나 현재 우리 사회는 이런 다양성에 대해 전혀 배려하지 않는다.

대부분의 직장인들은 정해진 시간에 출근을 해야 한다. 학교 역시 등교시간에 맞춰 기상하는 것이 힘든 학생과 교사가 많다는 점을 전혀 고려하지 않는다. 기업이나 관청 중에 탄력 업무시간제를 적용하는 곳도 더러 있지만, 그래봤자 코어타임(누구나 반드시 근무해야 하는 시간)이 꽤 길어 최대 2시간 정도 일찍 출근하거나 늦게 퇴근할 수 있을 따름이다. 시간생물학적으로 볼 때 이 정도의 유연성은 여전히 적은 것이다.

타고난 시간 유형에 더하여 부적절한 시간에 빛을 받거나 어둠에 처하는 환경의 방해요인이 추가된다. 그에 대해서는 1장과 2장에서 이미 살펴보았다. 저녁에 밝은 조명에 과다하게 노출되거나 낮 특히 아침에 충분한 빛을 받지 못하면 생체시계의 템포는 뒤로 밀려난다. 그리하여 대다수 현대인에게는 현재의 출근과 등교시간이 너무 이르다. 평균적인 시간 유형을 가진 사람들에게도 마찬가지여서, 다섯 명 중 네 명이 자명종에 의지하여 잠을 깬다.

그러니까 다섯 중 넷이 최소한 평일에는 잠을 푹 자지 못한 채 일어난다는 뜻이다. 그리고 아주 많은 사람들이 기상한 직후에 일을 시작한다. 능률의 첫 정점이 찾아오려면 아직 멀었는데도 말이다. 그러다 보면 능률의 두 번째 정점이 찾아오기도 전에 이미 퇴근시간이다.

학교와 직장에서 이런 식으로 시간생물학적인 다양성을 무시하는 처사는 매우 비생산적이고, 많은 사람들의 건강에 좋지 않은 영향을 미친다. 생체리듬의 다양성을 고려하여 업무시간을 더욱 탄력적으로 운용하면 좋을 것이다.

이번 장은 우리 가운데 아침형 인간도 있고 저녁형 인간도 있는 것이 생물학적으로 프로그래밍된 자연스런 현상이라는 사실, 그리고 시간 관리에서 이런 차이를 좀더 배려한다면 우리 모두 유익을 얻을 수 있다는 사실을 설명하고자 한다.

전 세계의 수면과학자와 시간생물학자들이 이구동성으로 "자명종은 치워버리는 것이 좋다!"고 소리를 높이는 것은 괜한 얘기가 아니다. 노력하는 것만으로도 가치가 있다고 본다.

사회적 시차증

앞부분을 읽으면서 이미 스스로를 분류해보았는가? 당신은 어떤가? 아침형 인간인가, 저녁형 인간인가, 심한 올빼미나 종달새 유형인가? 아니면 인구의 3분의 2에 해당하는 사람들처럼 약간의 올빼미거나 종달새 유형인가? 대부분의 사람들은 자신이 어떤 유형에 속하는지, 아침형인지 평균형인지 저녁형인지 매우 정확히 알고 있다.

올빼미들은 일평생 등교시간과 출근시간 때문에 괴롭다. 평균 유형에 속하는 대부분의 사람들도 평일에는 지각하지 않기 위해 힘들게 침대에서 몸을 일으킨다. 종달새들만이 아침 일찍 출근하는 것에 전혀 무리를 느끼지 않는다.

어떤 시간 유형에 속하는지 파악이 잘 안 될 경우, "수면 중간점"을 계산해보면 도움이 될 것이다. 쉬는 날(가령 휴가 중에) 당신은 몇 시에 잠자리에 드는가? 그리고 몇 시에 (자명종 없이) 기상하는가? 그렇다면 이런 수면시간 중 중간점은 몇 시인가? 수면 중간점이 새벽 3시 이전이라면, 그러니까 밤 10시에서 아침 6시까지 잠을 잔다면 당신은 완전한 종달새다. 수면 중간점이 새벽 3시에서 6시 사이라면(가령 밤 12시에 잠이 들어 아침 8시까지 잔다면) 평균적인 유형에 속한다. 그리고 수면 중간점이 아침 6시 이후라면(가령 새벽 3시에서 11시까지 잔다면) 당신은 영락없는 올빼미다.

틸 뢰네베르크 연구팀은 2000년부터 온라인 질문지를 통해 중부 유럽인 약 15만 명의 수면 습관을 분석하여 시간 유형에 대한 유일무이한 자료를 탄생시켰다. 원하는 사람은 지금도 이 연구에 참여할 수 있다. www.euclock.org에 들어가서 몇몇 질문에 답을 하면 된다(한 번 해보라. 참여자에게는 시간 유형에 대한 상세한 분석을 제공해주므로 자신에 대해 더 많은 것을 알 수 있다).

중부유럽인 여섯 중 하나는 확연한 아침형 혹은 저녁형이라는 말도 이런 데이터에서 나온 것이다. 그러나 이런 통계에서 우리의 경각심을 일깨우는 점은 평일에 생체시계의 신호에만 의존해서 잠을 잔다면 등교시간이나 출근시간에 맞춰 일어날 사람이 거의 없다는 사실이다. 제과업자나 신문배달업처럼 새벽시간에 일을 하는 경우나 음식점과 야간경비처럼 야간근무를 하는 상황 등을 제외하면 출근과 등교는 대개 아침 6시 30분~9시 30분 사이에 이루어진다.

게다가 많은 직장인은 교외지역에서 시내로 통근을 한다(탄력근무를 실시하는 직장에서까지). 교외 통근자들이 필요 이상으로 이른 시간

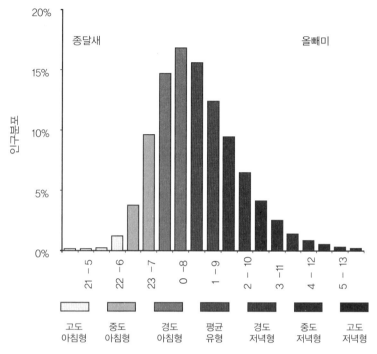

시간 유형 휴일 기준으로 중부유럽인 15만 명의 수면시간 분석. 인구의 약 3분의 2가 세 개의 평균적인 시간 유형에 속하는 것으로 나타났다. 여섯 명 중의 한 명은 확연한 아침형 혹은 저녁형(중도에서 고도까지)에 속한다. 가장 많은 사람들(약 3분의 1에 해당하는)이 0시에서 8시 또는 0:30에서 8:30까지 잠을 잔다.

에 출근하는 걸 보면 정말 놀랍다. 출퇴근 시간이 오래 걸리는 것을 감안해 저녁에 더 여유를 갖기 위해 그런 선택을 하는 것이다.

대다수 사람들이 푹 자고 능률 있게 일을 하려면 학교와 직장은 9~11시 사이에 시작해야 맞다. 오늘날 일반적인 업무시간은 산업화 이전 시대에서 유래한 것으로 밤 10시에 자고 아침 6시에 자연스럽게

(자명종 없이) 기상할 때나 맞는 리듬이다. 그러나 앞서 1~2장에서 제시한 조언을 유념한다고 해도 오늘날 대부분의 사람들은 그렇게 일찍 자고 일찍 일어나지 못한다.

현재의 업무시간은 종달새 유형에게나 맞다. 고도나 중도의 아침형 인간들 말이다. 하지만 그들은 인구의 6분의 1밖에 되지 않는다. 모든 사람이 꼭 8시간씩 자야 하는 것은 아니라서 종달새 형이 아니라도 7시 이전에 기상할 수 있음을 감안한다 쳐도, 최소 인구의 3분의 2는 늦지 않게 출근하기 위해 자명종에 의존해야 한다.

물론 심한 올빼미나 종달새는 자신의 생체리듬을 고려한 직업을 선택하기 위해 노력할 수 있을 것이다. 아침 9시에 자명종을 맞춰놓아도 못 듣고 쿨쿨 자는 올빼미들은 제과업이나 미장일에 종사할 생각은 아예 하지 말아야 한다. 밤 9시면 이미 눈이 감기는 사람은 야간경비나 요식업체 같은 곳에서는 일할 수 없을 것이다. 하지만 그런 경우를 고려해도 인구 대다수가 처한 만성 수면부족은 해결되지 않는다. 적극적인 해결책이 필요하다.

시간생물학자 틸 뢰네베르크는 인구 대다수가 처한 형편을 "사회적 시차증"이라 부른다. 그는 우리 사회 대부분의 사람들은 평일에는 생체리듬보다 훨씬 빨리 기상하다가 주말이면 다시금 자연스런 리듬으로, 즉 몇 시간 밤쪽으로 밀려난 리듬으로 되돌아온다고 말한다. "우리의 형국은 마치 일요일 저녁 독일에서 모스크바로 날아갔다가 금요일 저녁에야 돌아오는 것과 같다."

일반적인 시차증(제트래그 증후군)처럼, 사회적 시차증 역시 장기적으로는 만성 수면부족을 유발한다. 아침마다 자명종에 의지하여 일찍감치 기상한다고 해서 저녁에 그만큼 더 일찍 잠을 자는 것도 아니다. 생체시계가 바라는 것보다 더 오래 깨어있어서 느지막이 잠이 들고, 아침이면 다시 자명종이 울려 얼마간의 소중한 잠을 앗아간다. 이런 현상은 주중 5일 내내 반복된다.

뢰네베르크는 시간 유형 질문지를 통해 사회적 시차증도 분석해보았다. 그러자 질문 응답자 스무 명 중 한 명은 평일에 매일 밤 최소 1시간 이상 수면이 부족해지는 것으로 나타났다. 다섯 명 중 한 명은 매일 밤 30분~1시간 정도 수면부족이 쌓이는 것으로 드러났으며, 인구의 3분의 1 이상이 평일에 0~30분 정도 수면이 부족한 것으로 나타났다.

생체시계 리듬과 업무리듬이 완벽하게 맞아떨어지는 경우는 18퍼센트 정도에 불과했다. 한편 다섯 명 중 한 명은 특이한 문제를 토로했다. 많은 아침형 인간 혹은 아침형에 가까운 사람들은 휴일 저녁 제시간에 잠들지 못한 것이다. 친구나 가족들이 즐거운 밤을 보내고 있는데 흥을 깨고 싶지 않아 졸려도 자지를 못하기 때문이다. 하지만 생체시계가 다음날 아침 일찍감치 그들을 잠에서 깨우기 때문에, 종달새들도 주말에는 사회적 시차증을 경험하는 것으로 나타났다. 마치 주말에 카나리아 제도로 놀러갔다가 일요일 밤에 독일로 돌아오

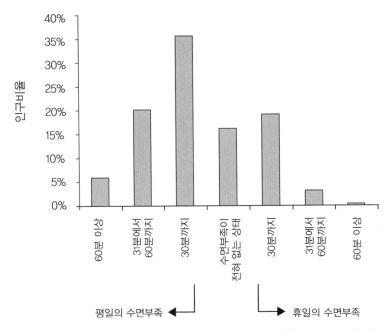

사회적 시차증 늦게 일어나는 시간 유형의 경우 업무시간이 그들의 생체리듬과 맞지 않기 때문에 평일에 필요한 만큼 충분한 잠을 자지 못한다. 이와 반대로 이른 시간 유형을 지닌 사람들은 휴일에 일찌감치 수면을 취할 수가 없어서 오히려 휴일에 수면부족 현상이 나타난다.

는 사람들처럼.

그래도 아침형 인간들은 만성 수면부족이 생기지는 않는다. 어쨌든 주중 5일간, 주말의 수면부족을 만회할 수 있기 때문이다. 올빼미들의 상황은 거꾸로다.

뮌헨 시간 유형 질문지의 몇 가지 다른 결과도 약간 우려를 자아낸다. 사회적 시차증과 그로 인한 만성 수면부족은 여기에 해당하는 사람들에게 건강에 해로운 만성 스트레스를 유발한 것으로 나타났기 때문이다. 시간 유형 질문지의 데이터에 따르면 사회적 시차증이 두드러진 사람일수록 담배 피우고 술 마시고 커피 마시는 비율이 더 높은 것으로 드러났다. 뢰네베르크는 "사람들이 부지불식간에 이런 식으로 만성 수면부족을 상쇄하려 하는 것으로 보인다"고 말한다.

사회적 시차증이 1시간 이하인 그룹에서는 담배를 피우는 비율이 다섯 명 중 한 명꼴도 되지 않았다. 반면 사회적 시차증이 5시간에 이르는 그룹에서는 거의 세 명 중 두 사람이 정기적으로 담배를 피우는 것으로 나타났다.

이제 부지런한 시간생물학자들의 노력 덕분에 사회적 시차증이 건강에 해롭다는 사실을 의심하는 이는 아무도 없다. 업무리듬과 시간 유형 간에 간극이 벌어질수록 우리의 건강에 해롭다는 것은 기정사실이다. 다만 생체리듬과 업무리듬의 불일치에 대해서는 금연 캠페인을 하듯 명쾌하고 쉽게 대항하지 못하는 것뿐이다. 결국 사회 전체를 문제 삼게 되기 때문이다.

트리플 윈 전략

앞으로 생산되는 자명종 시계에 다음과 같은 경고 문구를 표시하는 것을 의무화한다면 어떨까? "조심! 이것을 규칙적으로 활용하면 만성 수면부족이 생겨 생명이 위험할 수 있습니다." 큰 글씨로 그렇게 써놓고는 끔찍한 사진을 곁들이면 어떨까? 가령 심한 교통사고가 일어난 사진, 우울증에 걸려 스스로 목숨을 끊고 싶어하는 사람의 사진, 혹은 원자폭탄 버섯구름을 배경으로 원자력 발전소에서 밸브를 잘못 내린 직원의 사진을 싣는다면?

소름 끼친다고? 나도 그렇다. 그러나 담뱃갑에 충격적인 사진을 싣는 것이 질병 예방에 도움이 된다고 여기는 사람이라면 자명종에 경고 표시를 하는 문제도 심각하게 고려해보아야 한다.

만성 수면부족의 위험성이 흡연만큼은 크지 않을지도 모른다. 가령 생명을 위협하는 우울증과 수면부족 사이의 연관관계는 폐암과 흡연 간의 연관관계만큼 확실하게 입증된 것은 아니다. 교통사고로 사망하는 사람이 암으로 죽는 사람보다 훨씬 적은 것도 사실이다. 그러나 기본적인 생각은 같다. 사회가 적절한 부분에서 예방에 투자하는 모든 자금은 수년 뒤 질병으로 인한 사회적 비용을 대폭 절약해주고, 개개인의 괴로움을 덜어준다.

자명종을 아예 없애는 것은 매우 경직되고 비현실적인 처사로 보일 수 있다. 그러나 자명종을 사용하지 않는다면 대부분의 사람들이 지금보다 훨씬 더 잠을 푹 자게 될 것임은 자명하다. 그러면 소위 국민질병에 시달리는 인구 비율이 감소하며, 늘 기분이 언짢고 화를 잘 내는 사람들도 훨씬 드물어질 것이다. 대부분의 사람들이 더 사교적

안녕히 주무셨어요?

이고 즐겁고 배려심이 넘치게 될 것이다. 일터의 안전사고와 교통사고 비율도 감소하며 나아가 기업의 생산성과 혁신력이 높아질 것이다.

시간생물학자 뢰네베르크는 이를 "트리플 윈 전략"이라고 부른다. 승자가 셋이라는 이야기다. 즉 사회는 돈을 절약하고, 고용주는 능력 있는 직원들을 확보하며, 사람들은 더 행복하고 건강해진다는 논리다. 이런 "종합세트"를 향해 신중한 발걸음을 옮겨볼 만하지 않을까?

웬걸, 이미 탄식하는 소리가 들리는 듯하다. 어떻게 그럴 수가 있느냐, 모두가 일어나고 싶을 때 일어나라는 이야기냐, 출근시간이 들쭉날쭉해질 텐데 그러면 대체 일이 제대로 돌아갈 리가 있겠느냐, 공장 가동은 다 멈추라는 이야기냐, 아이들이 아침 일찍 학교에 가지 않으면 부모는 대체 어떻게 해야 하느냐, 교대근무와 야간근무는 어떻게 되느냐, 밤에는 환자도 돌보지 않고 범죄도 추방하지 않을 작정이냐……

하지만 자명종을 아예 없애는 것이 비현실적이라고 해서, 작은 변화조차 꾀하지 말라는 법은 없다. 교대근무에 대한 새로운 아이디어와 등교시간을 늦출 필요성에 대해서는 나중에 더 논의하기로 하겠다. 지금은 우선 개인적인 업무시간과 여가시간에 변화를 주는 것에 대해 이야기해보려고 한다. 이 두 가지는 잠 잘 자는 사회를 위한 트리플 윈 전략의 중요한 요소이다.

지금까지 부지런한 현대인의 모토는 일에서 능력을 발휘하고자 한다면 회사가 원할 때 일한다는 것이었다. 그러나 이제 시간생물학적 인식을 바탕으로 그 모토는 다음과 같이 바뀌어야 한다. 즉 "능력있는 직원을 원하는 회사는 직원들이 가장 능률적일 때 일할 수 있도록 해주어야 한다!"라고 말이다.

업무시간을 개인적으로 유연하게 조정하는 것은 지금까지 실현가능성이 없다고 여겨졌다. 많은 회사나 관청이 출·퇴근시간을 소폭 조정할 수 있는 탄력근무제(탄력적 근로시간제)를 실시하고 대부분 그 제도를 통해 긍정적인 경험을 하고 있기는 하지만, 출근시간을 7시에서 11시까지 탄력적으로 운영하는 직장은 거의 없다. 만일 그 정도로 탄력있게 운영한다면 자명종에 의지하여 일어나는 직원은 거의 없어질 것이다. 게다가 모든 직원이 함께 일하는 코어타임이 4시간이나 나온다(오전 11부터 오후 3시까지).

하지만 현재는 오전 9시에서 오후 3시까지의 코어타임이 일반적이다. 이런 제도는 종달새들만을 위한 제도다. 아침 7시에 사무실에 출근하는 것은 종달새들에게나 가능하기 때문이다. 저녁형 혹은 평균 유형에 속하는 모든 이에게는 9시까지 출근하는 것도 벅차다.

따라서 기존의 상황은 최신의 학문적 인식과 모순된다. 최신의 인식은 확실한 종달새들이 얼마나 드문지를 보여주기 때문이다. 시간생물학자들의 견해에 따르면, 모든 기업은 어떤 식으로든 직원들이 가능하면 푹 자고 일할 수 있도록 배려해주어야 한다. 이것은 업무시간을 개인적으로 다르게 해주어야만 가능하다. 가장 좋은 방안은 총 업무시간을 단축시키는 것이다. 총 업무시간이 그대로라면 아침에 잠을

안녕히 주무셨어요?

푹 자는 대신 늦게 퇴근해야 하므로 여가시간을 포기해야만 한다.

이제 기업의 인사부에서 커다랗게 비명 지르는 소리가 들리는 듯하다. 하지만 그렇지 않다. 물론 초기에는 물류서비스 변화 같은 데서 추가비용이 발생하고, 줄어든 업무시간 대비 높은 임금을 지불해야 하는 등 비용이 더 들어가는 것처럼 보일 수 있다. 그러나 장기적으로 회사는 유익을 얻는다. 병가를 내는 직원이 적어지며, 직원들이 더 활력있게 일하고, 생산성과 창의성도 높아질 것이다. 그밖에도 이전에는 직원들이 비능률적이고 비생산적으로 근무하는 시간까지 포함해 하루 일당이 나가고 업무시간을 초과하여 일하면 초과수당을 지급해야 했지만, 이제는 능률적으로 일하는 시간이 늘어나 생산성을 발휘하는 실제 업무시간은 늘어난다고 보면 된다.

오전 11시에서 오후 3시가 코어타임이라면, 이론적으로 아침 7시부터 저녁 7시까지는 잠을 푹 자고 나와 능률이 매우 높은 직원들이 근무하게 된다는 소리다. 좀더 유연성을 발휘해 코어타임을 만약 12부터로 설정하면 생산성 높은 직원들이 근무하는 시간은 1시간이 더 늘어 저녁 8시까지가 된다. 글로벌 세계에서 이런 식의 시간 운용은 커다란 유익이 될 수 있다.

물론 이 같은 근무시간 모델을 모든 분야에서 적용할 수는 없을 것이다. 그러나 언론이나 서비스 분야 등 이런 인식을 활용할 수 있는 공기업과 민간기업은 많다. 이 모델을 적용할 경우 경제적 효용성은 오히려 증가하고, 국가 차원의 의료비 절감에도 기여하게 될 것이라고 본다.

코어타임 자체를 포기하여 좋은 결과를 얻는 사례도 늘어나고 있다. 뮌헨의 대학 실험실에서는 얼마 전부터 박사과정 학생과 조교들의 출퇴근 시간을 완전 재량에 맡겨, 자신의 과제를 해결하고 총 업무시간만 맞추도록 하였다. 그랬더니 이후 실험실은 24시간 내내 불야성을 이루고 있다. 예전에는 실험을 통제하기 위해 야간근무조를 짜느라 골치가 아팠는데 이제는 그 역시 불필요해졌다.

무엇보다 모든 연구원이 이 시스템에 만족하고 있다.

그러나 대다수 사람들은 아직도 외적으로 정해진 업무시간에 자신의 리듬을 맞추어야 한다. 그 결과 발생하는 또 한 가지 문제는 휴식이나 여가시간과 관련해서다. 우리는 휴식시간을 생물학적 시간감각에 맞추어 건강하고 행복하게 활용할 가능성을 놓치고 있다.

시간생물학적인 견지에서 볼 때 여가시간은 하루 여러 차례 나누어 갖는 것이 좋다. 그러면 햇빛의 이로운 영향을 누리기도 한결 수월하다. 여가시간과 업무시간을 명백하게 구분하지 말고 적절히 혼합하여 일하면서 여러 번 길게 쉬어주는 것은 만성 스트레스를 예방하는 이상적인 방법이다.

스마트폰과 노트북이 우리의 시간을 빼앗고 자유시간과 업무시간의 구분마저 힘들게 한다며 탄식을 하는데, 왜들 그러는지 모르겠다. 오히려 인터넷과 전자기기들을 잘 활용하면 우리가 원할 때 원하는

안녕히 주무셨어요?

장소에서 일할 수 있고, 그로써 엄청난 자유를 누릴 수 있지 않은가?

물론 밤까지 그것에 매여 놓여나지 못하는 일이 없도록, 부작용에 대해서는 스스로 단속해야 할 것이다. 이런 문명의 이기 덕분에 퇴근하고 나서도 직업상의 일을 할 수 있는 가능성을 잘만 활용하면 우리 중 많은 수가 개인의 생물학적 프로그램에 적합하게 일을 할 수 있다.

석기시대 사람들에게는 퇴근시간이라는 것이 없었다.

우리 중 절대다수는 저녁이 아니라 오후 시간에 미디어를 소비하며 휴식하다가 저녁에 약간 더 직업적인 일을 한 뒤 편안히 독서를 하거나 음악을 들으며 잠을 청하는 편이 훨씬 더 좋을 것이다.

업무시간을 유연하게 하고 현대의 정보기술을 활용하면 여가시간에 이런 급진적인 변화를 주는 것이 가능하다. 일을 3~4시간 텀term(단위)으로 끊어서 하지 못할 이유가 뭐란 말인가? 한 텀은 직장에서 일하고 다른 텀은 집에서 일하거나 노트북을 가지고 놀이터나 수영장의 의자에서 일할 수도 있는 것이다. 일하는 사이사이 운동을 하거나 미디어를 소비하거나 집안일을 하거나 가족들과 함께 하는 시간을 갖고 말이다.

이런 생각에 대해 독자들이 처음에 심한 거부감을 느끼리라는 것을 나는 알고 있다. 과거에 직장인들은 "업무시간 유연화"라는 것이 알고 보면 오히려 노동조건을 열악하게 만드는 꼼수임을 경험했기 때문이다. 원치 않는 시간에 갑자기 비인간적인 분량의 업무를 해치워야 하는 일도 비일비재했다.

그리하여 나는 업무시간의 유연화라는 말 대신 "업무시간의 개인화"라는 말을 더 좋아한다. 개인화라는 말이 사안에 더 적절하기 때문이다. 아울러 나는 개인화를 더 잘 실현시키기 위해서는 전체적으로 업무시간을 단축하는 것이 더 좋다는 말도 반드시 곁들인다.

재택근무와 여가시간에 회사 밖에서 한 일도 정당한 업무시간으로 쳐줘야 한다. 또한 모두가 자신의 업무시간을 스스로 정할 수 있도록 해야 할 것이다. 이런 인식의 중요성을 깨달은 몇몇 대기업은 이미 고용계약에 적용하고 있다. BMW에서는 경영진과 노사협의회 간 새로운 협정에 따라 여가시간에 한 일을 데이터뱅크에 기입하면 온전한 업무시간으로 인정한다. 동시에 직원들이 개인적인 시간대를 정해서 고지하면 그 시간에 결코 동료나 고객, 상사로부터 이메일(독일에서는 이메일이 현재 우리의 문자와 같은 기능을 한다.—옮긴이)이나 전화를 받지 않아도 된다.

물론 자영업자나 프리랜서는 업무시간을 배분하는 것이 더 쉽다. 그러나 그들에게는 자신을 착취할 위험이 도사리고 있다. 무조건 일을 많이 맡거나 벌리지 않도록 특별히 조심해야 한다. 자신의 시간 유형을 고려한 업무시간대를 정해놓고 규칙적으로 생활하는 것이 도움이 된다.

생체리듬에 맞춰 업무시간을 개인화하면 어떤 이점이 있는지 대다수 사람들은 아직 구체적으로 알지 못한다. 아이를 양육하는 부모들

안녕히 주무셨어요?

은 퇴근이 늦어질 경우 아이를 제대로 돌볼 시간이 없어질까봐 걱정을 한다. 그러잖아도 아이를 기르면서 직장생활하는 게 힘든데 더 힘들어질까봐 말이다.

그러나 업무시간의 개인화가 이루어지면 부모가 교대로 아이를 돌볼 수 있는 추가적인 여지가 생기고, 이것은 모든 가족 구성원에게 유익하게 작용할 것이다. 또한 어린이집이나 유치원 등에 근무하는 보육교사들도 업무시간을 개인화하여 시간대를 적절히 나누면 더 융통성 있게 아이들을 돌볼 수 있다.

그리하여 나의 세 번째 웨이크업 플랜은 노동자의 복지를 중심으로 한다. 노동자가 편안하고 건강이 좋아지면 가정과 국가 모두에게 이익이 돌아간다.

생체리듬에 순응하기 위하여

수면장애에 시달리는 인구가 미국에만 약 7,000만 명이라고 한다. 수면 문제로 인한 직간접적인 비용은 몇몇 나라에서는 이미 국내총생산의 1퍼센트에 달한다. 시간생물학자 틸 뢰네베르크는 2013년 〈네이처〉에 이런 실태를 보고하며 목소리를 높였다.

뢰네베르크는 그 글에서 3,000만 달러를 지원받아 세계적으로 진행할 국제 연구 이니셔티브를 1990년대 인간 게놈 프로젝트에 빗대 "인간 수면 프로젝트"라 불렀다. 그는 "인간 수면 프로젝트가 인간 행동의 지속적인 변화와 더불어 수천만 명의 건강과 능력과 삶의 질을 개선하기 위한 경제적인 프로젝트가 되리라고 확신한다"고 밝혔다.

이런 연구가 가져다줄 성과들을 호기심을 갖고 기다리는 일은 흥미롭다. 하지만 이미 사람들을 시간생물학적으로 동등하게 일괄 취급하지 않고, 개인에 따라 일과 잠과 여가시간을 새롭게 분배하는 것에 대한 아이디어들이 태동하고 있다.

여기에 가장 중요한 아이디어들을 요약해보겠다.

● 모든 사람은 아침에 푹 잘 권리가 있다. 시간생물학에 의미를 두는 사회

에서 이것은 아주 중요한 말이다. 자명종을 몽땅 치워버릴 수는 없겠지만 인구의 80퍼센트가 자명종에 의존하는 현실은 너무 심각하다.

- 업무시간은 (가능한 한) 개인화해야 한다. 출근시간을 아침 7~8시에서 오전 11시~12시까지로 탄력적으로 운영하는 것이 가장 좋다. 아니면 업무시간을 온전히 개인의 재량에 맡기는 대신 정기적으로, 가령 일주일에 두 번 오전 11시 혹은 오후 3시경에 회의를 가질 수도 있다.

- 여러 직원이 팀을 이루어 일하는 상황이라면 각자의 시간 유형을 고려하여 적절한 시간 배분을 해야 한다.

- 온전한 재택근무 혹은 부분적인 재택근무를 확대해나가야 한다. 법적으로 재택근무에 세제 혜택을 주는 방법을 고려해보아야 한다.

- 기업들은 외부에서 혹은 여가시간에 수행한 일들을 업무시간으로 계산해주는 방법을 모색해야 한다. BMW와 몇몇 대기업에서는 이미 근무시간 외에 스마트폰이나 태블릿 PC를 이용하여 처리한 일들도 업무로 인정해 해당 급료를 지급하도록 고용계약서에 명시하고 있다.

- 한편 BMW 직원들은 밤낮으로 동료와 상사의 이메일이나 전화에 시달리지 않도록 하기 위해 특정시간 동안 전화나 이메일이 전달되지 않게

하는 시스템을 활용한다. 2013년부터 이런 제도를 실시해왔는데, 해당 시간은 팀이나 상사와의 상의 아래 정한다.

● 업무 평가는 사무실 체류 시간보다 프로젝트 수행 능력에 따라 이루어 져야 한다. 물론 과도한 목표를 설정하여 노동자를 혹사시키는 일은 없 어야 한다. 아울러 엄격한 업무시간 상한제를 도입해야 하며, 자영업자 나 프리랜서는 그런 상한선을 스스로 정해야 한다.

● 업무시간에 따라 급료를 지급하는 모델을 고수하는 경우, 업무시간을 전체적으로 줄여 주당 30시간 정도를 근무하면 보수에 손실이 없도록 하는 것이 중요하다.

● 여가시간을 하루 중 여러 번에 걸쳐 고루 분배하는 게 좋다. 지금은 얼 른 퇴근해서 쉬려고 생물학적으로 능률이 높은 시간과는 상관없이 일찌 감치 일을 시작해 일찌감치 끝내도록 하는 구조다.

● 정책결정자들은 노동자가 직장 근처에 살 수 있도록 뒷받침해야 한다. 일터가 멀수록 직장인들은 더 일찍 일어날 수밖에 없다. 통근자들을 위 한 대중교통 요금정액제 같은 제도는 폐지하는 게 낫다. 그로써 절감되 는 돈을, 직장 근처에 집을 얻는 데 보조금으로 지급하는 쪽이 훨씬 유 익하다.

4장

우리 곁의 시간 도둑들

동물이 잠을 자는 이유

파리는 잠에 관한 한 인간과 비슷하다. 인간의 아기가 어른들보다 거의 두 배는 더 잠을 많이 자는 것처럼 어린 파리 역시 성숙한 파리보다 더 많은 잠을 잔다. 커피와 각성제는 인간과 마찬가지로 파리도 깨어있게 만들며, 수면 박탈은 파리들마저 산만하고 집중하지 못하게 만든다. 오랜 시간 잠을 자지 못한 뒤에는 파리들 역시 모자란 잠을 별도로 보충한다. 파리와 인간은 수면 시 뇌파 패턴도 비슷하다.

수면은 생명에 중요하고 기본적이어서, 생물학은 파리와 인간의 공동조상 때부터 수면의 기초를 변화시키지 않았던 것 같다. 취리히 대학병원 소속 수면과학자로 과거 미국에서 초파리의 잠을 연구했던 레토 후버는 "초파리와 포유류의 수면 조절방식은 중요한 부분에서 거의 일치한다"고 말한다.

모든 동물은 잠을 잔다. 회충도, 가재도, 바퀴벌레도 잠을 잔다. 아직 명백히 입증되지는 않았지만 점점 더 많은 연구결과가 잠은 신경계가 고안될 때부터 세상에 들어왔다는 것을 뒷받침하고 있다. 신경계는 단순한 신경네트워크로부터 고도로 복잡한 두뇌에 이르기까지 동물만이 가진 특성이며, 또한 잠으로부터 유익을 얻는 것으로 보인다.

잠이 없다면 두뇌는 장기적으로 학습이 불가능하며 기억과 창조적 사고, 체내의 커뮤니케이션 능력을 잃어버린다. 튀빙겐의 호르몬과학자이자 수면연구가 얀 보른은 "잠은 두뇌에 확실한 유익을 제공한다"면서 "잠을 푹 잔 사람은 다른 사람보다 더 영리하다"고 말한다. 초파리 역시 마찬가지인 것은 우연이 아니다. "우리는 왜 잠을 자야 할까?"라는 과학계의 흥미로운 수수께끼에 대해 현재 말할 수 있는 가장 유력한 답변은 바로 "두뇌가 기능할 수 있게 하기 위함"이다.

2013년 〈사이언스〉 지는 "올해 10대 연구성과" 중 하나로 미국 학자들이 제출한 논문 하나를 뽑았다. 쥐들이 잠이 들면 두뇌 세포 사이의 공간적인 간격이 넓어지며(커지며) 사고기관에서 일종의 대청소가 시작된다는 것을 보여주는 논문이었다. 두뇌의 혈류가 신경세포 사이의 공간들을 관류하면서 깨어있는 시간에 쌓인 해로운 분해산물을 실어간다는 것이다.

2014년 스웨덴 수면과학자들이 발표한 연구결과도 그와 일맥상통한다. 스웨덴의 수면과학자들은 하룻밤을 뜬눈으로 지샌 젊은이들의 혈액 속에서 신경세포들이 사멸할 때 나타나는 물질의 농도가 증가한 것을 발견하였다. 이로 보아 수면부족은 적잖은 대가를 요구하는 것이 틀림없다.

이런 결과들 앞에서 우리는 자신을 돌아보아야 한다. "나중에 퇴직하고 나면 실컷 잘 수 있어."라는 미명 하에 젊은시절 소중한 세포들을 잃어버리고 싶은가? "잠이야 죽으면 실컷 잘 수 있다"는 것이 독일의 영화감독이자 작가이자 영화배우였던 라이너 베르너 파스빈더의 모토였다. 일중독자였던 파스빈더는 1982년 37세의 나이에 심장마비로 사망하였다.

미국의 수면과학자 앨런 홉슨은 몇 년 전 "두뇌의, 두뇌에 의한, 두뇌를 위한 잠Sleep is of the brain, by the brain, and for the brain"이라는 말로 이런 연관을 아주 적확하게 표현하였다.

그러나 이런 인식은 아직 잘 먹혀들지 않는 듯하다. 우리는 끊임없이 수면 욕구를 무시하며, 거의 모든 활동을 푹 자는 것보다 중요시한다. 사소한 기분전환거리들에도 잠을 포기할 정도로 가치를 부여한다. 그러다 보니 사회 전체가 피곤에 찌들어있는 형편이다. 늦기 전에 우리는 잠과 관련하여 몇몇 기본적인 것들을 숙지해야 한다.

창조력과 예술적 형상력, 기억력 면에서 대가라 할 수 있는 사람들의 잠 예찬은 제외하더라도 충분한 잠으로부터, 그러니까 잠을 푹 자서 팽팽 잘 돌아가는 두뇌로부터 우리가 얻을 수 있는 유익은 많지 않겠는가? 인간이 그 어떤 생물학적 종보다 성인이 되는 데(즉 두뇌가 성숙하는 데) 오랜 시간이 걸리는 것을 감안한다면 그만큼 두뇌를 위해 충분한 잠을 자는 데 우선순위를 두어야 하지 않을까?

이런 견해가 너무 일방적이라고 여겨지는 사람은 다음의 학문적 인식에 귀를 기울여야 할 것이다. 학문적 인식에 따르면 수면이 약간만 박탈되어도 신체와 두뇌의 신진대사에 관여하는 세포들이 민감하게 반응하며, 그로 인해 다수의 유전자가 전혀 다르게 조절된다고 한다. 이렇듯 우리 몸 가장 깊은 곳의 생화학적 균형이 흔들리면, 신체적·정신적 질병에 걸릴 위험이 증가한다.

또한 만성 수면부족은 노화를 촉진하며 면역체계를 약화시킨다. 자라나는 아이들의 경우 만성 수면부족이 성장을 방해한다. 만성 수면부족은 기분을 저하시키고, 거의 모든 심적 질환의 위험을 높인다. 그밖에도 당뇨나 심근경색 등 각종 신진대사 장애의 위험을 높인다. 또 한 가지 많은 이들이 솔깃해할 만한 점으로, 만성 수면부족은 장기적으로 사람을 뚱뚱하게 만든다.

수면이라는 주제에서 생물학은 우리를 함정에 빠뜨리는 듯하다. 우리 조상들에게 가장 중요한 것은 바로 생존 자체였다. 위험하거나 특별히 주의가 요구되는 상황에서는 아무리 피곤해도 주의력을 발휘하는 것이 중요했다. 그리하여 선사시대 인간의 두뇌는 필요할 경우 수면부족을 상쇄시키고 제압하는 법을 배웠다.

우리가 늦은 밤 별로 좋지도 않은 추리영화나 웃기지도 않는 코미디를 보면서도 텔레비전을 쉽사리 끄지 못하는 건 바로 그런 배경에서다. 고속도로에서 사고가 일어나는 것 역시 이렇듯 수면부족을 알아채지 못하다 운전자가 순간적으로 졸기 때문이다. 막 사무실을 벗어났을 때 우리는 일의 여파로 여전히 흥분하고 긴장해 있다. "각성상태"가 두뇌로 하여금 수면 모드로 전환하는 것을 방해한다. 하지만 잠시 후 커브길 없이 직선으로 뻗은 어둔 밤 도로를 달리다 보면 긴장이 풀리고 갑자기 잠이 쏟아지는 것이다.

수면조절 중추는 이미 몇 시간째 이런 시간을 기다려왔다. 계속되는 업무 스트레스 앞에서 수면 압력은 아주 커졌다. 이미 말했듯이, 졸리다는 느낌만 결여되어 있을 뿐이다. 같은 이유로 우리는 밤에 회의를 할 때도 똘망똘망하다고(각성상태라고) 느낀다. 피곤한 두뇌가 능력을 제대로 발휘하지 못하는데도, 쌩쌩하다고 착각하는 것이다. 따라서 정치인들이 밤을 새워 결정한 사안들을 신뢰해도 될까?

특히나 치명적인 것은 원시인과 달리 고도 실적사회이자 성장사회에서 스트레스로 점철된 나날을 보내는 현대인은 오랜 시간 푹 쉬고 충분한 수면을 취할 기회가 많지 않다는 점이다. 이론적으로 볼 때, 잠시 동안 잠을 적게 자는 것은 문제가 없다. 그러나 모자란 잠을 보충해주는 일을 게을리하면 문제가 시작된다.

그리하여 이번 장에서는 우리 사회에서 가장 악명 높은 잠도둑에 대해 선전포고를 한다. 그 도둑은 바로 독일 등 일부 국가에서 아직도 실시하고 있는 서머타임이다. 서머타임을 폐지하면 사회 전체가 유익을 얻는다. 그러면 대부분의 사람들이 매일매일 좀더 충분한 수면을 취할 수 있다. 그래봤자 더 잘 수 있는 시간이 얼마 되지 않는다고? 많은 연구결과에 따르면 불과 몇 분만 잠을 더 자도 장기적으로 건강과 활력에 도움이 된다는 것이 드러나고 있다.

인간은 얼마나 많은 잠을 필요로 하는가?

10년 전 48명의 젊은이들이 별 생각 없이 미국 펜실베이니아의 시간생물학자 한스 반 동엔과 데이비드 딩어스의 연구실 문을 두드렸다. 이들은 시간생물학자가 새로운 연구를 위해 평균적인 수면 욕구를 가진 건강한 실험 참가자를 모집한다는 포스터를 보고서 찾아온 젊은이들이었다. 참가 조건은 2주 동안 수면 실험실에서 지내야 한다는 것! 이때만 해도 참가자들은 잠이 쓸데없는 시간 낭비라는 오래된 선입견을 일소하게 될 거라는 생각은 꿈에도 하지 못했다. 그러나 그들은 머지않아 수면상태, 즉 전폭적인 무의식 상태가 창조성과 능력의 무궁무진한 샘이라는 사실을 확인하게 될 터였다.

실험 대상자들은 수면 실험실에서 하룻밤에 8시간, 6시간, 혹은 4

시간의 수면을 취한 뒤 낮에는 각종 테스트를 받았는데, 잠을 푹 잘 수 있었던 참가자들만이 2주간의 테스트에서 높은 수준을 유지한 것으로 나타났다. 잠을 적게 잔 참가자들은 주의력, 기억력, 순발력이 지속적으로 감퇴했는데, 잠을 조금 잘수록 감퇴 속도는 더 빨라졌다.

특히 4시간만 수면을 취한 그룹은 2주 뒤 이틀 밤낮을 새운 사람들과 같은 결과를 냈다. 연구자들은 이에 대해 "주의력 체계와 작업 기억에서의 신경인지적인 기능장애가 진행되었다"고 진단하였다. 참가자들은 평균 나흘 연속 수면을 적게 취한 뒤에는 더 이상 피곤을 느끼지 않았고 실험이 끝날 즈음에는 졸음이 쏟아져서 힘들다는 말도 거의 하지 않았다. 오히려 많은 학생들은 계속 그렇게 잠을 적게 자야겠다고 말했다.

그러나 그동안 다양한 연구에서 확인된 사실은 지속적인 수면부족이 우리를 상당히 멍청하게 만든다는 것이다. 다만 우리는 얼마간 시간이 지난 후에는 그것을 더 이상 알아채지 못할 따름이다.

사람들은 주중에 사회적 시차증 때문에 못 잔 잠을 주말에 만회하려 한다. 그러나 많은 경우 그 정도로는 충분하지 않다. 그러다 상태가 안 좋아지면 사람들은 어느 순간 병원의 수면클리닉 같은 곳을 찾는다. 베를린 성 헤트비히 병원 수면클리닉 과장인 디터 쿤츠는 "나의 환자들 중 약 3분의 1은 심각한 만성 수면부족 상태로 옵니다. 주말에도 잠을 제대로 만회하지 못하기 때문이죠."라고 말한다.

환자들은 피로하다거나 낮에 이상하게 잠이 쏟아진다고 토로한다. 심지어 위험한 교통사고를 낸 사람도 있었다. 디터 쿤츠는 "이들 대부분은 불면증이 아니에요. 한 번에 10시간 혹은 12시간 정도 잠을 잘 수 있지요. 주말에요. 하지만 그걸로 충분하지 않지요."라고 한다.

펜실베이니아의 수면과학자들도 최근의 연구에서 정확히 이런 상황을 연구하였다. 이 연구에서는 실험 대상자들을 5일간 하루에 4시간씩만 자다가 그 다음날에 다시 많은 시간을 잘 수 있도록 했다. 학자들의 기대에 걸맞게 실험 대상자들의 능력은 잠이 모자란 다음날 감소했다가 10시간 수면을 취한 뒤에는 다시 상승하였다. 그러나 원래의 수준으로 회복하기에는 불충분했다. 즉 주말에 조금 더 늦게 일어나는 것만으로는 효과가 미미하고 불충분한 것이다.

딩어스 팀의 수면과학자 마티어스 배스너는 그간의 연구를 통해 주말 이틀간 10시간씩 잠을 몰아 자도 온전한 정신적 회복에는 충분하지 않다는 결론을 내렸다. "여러모로 볼 때 수면부족에 대한 기억이 존재하는 것 같습니다. 여러 날 연달아 수면이 부족해지면, 뒤뇌 속에 장기적인 변화가 초래되는 것으로 보입니다."

펜실베이니아의 수면과학자들은 이제 만성적으로 잠이 부족한 사람들이 3일간 잠을 많이 자고 난 뒤에는 어떻게 되는지를 테스트하고 있다. 그들의 목표는 특정 직업군을 위한 적절한 회복 시간을 알아내는 것이다. 화물차 운전수, 교대근무자, 경비인력, 파일럿 등은 직업

안녕히 주무셨어요?

상 꽤 오랜 시간 수면부족을 견뎌야 하는데, 이런 수면부족에서 회복되려면 얼마만큼의 시간이 필요한지는 아직 알려지지 않았다.

위에 언급한 특정 직업군 외에 무엇보다 선천적으로 잠이 많은 사람들, 또는 심한 올빼미들이 이 연구결과에 관심을 가져야 한다. 선천적으로 잠이 많은 사람들은 하룻밤에 9~10시간은 수면을 취해야 하지만 적시에 잠자리에 들지 못하고, 올빼미들은 사회적 시차증이 특히 심하기 때문이다. 물론 이 두 가지 특성을 동시에 지닌 사람들은 가장 위험한 그룹이라 할 것이다. 즉 잠이 많은 동시에 시간 유형이 늦은 사람들 말이다. 그런 사람들은 정말로 잘못된 시대에 태어난 셈이다.

인구의 약 5분의 1이 이 두 그룹 중 하나에 속한다. 두 가지 특성을 모두 지닌, 두 그룹의 교집합 크기가 얼마나 되는지는 아직 모른다. 분명한 것은 많은 사람들이 지금의 실적사회에서 만성 수면부족에 처할 위험이 매우 높다는 사실이다. 이것은 번아웃 신드롬이나 만성 불면증에 걸릴 위험을 높인다.

베를린 정신신체의학자인 베른트 슈프렝거는 만성 수면부족이 되면 두뇌가 수면을 잊어버리든가 지속적인 스트레스로 인해 때로는 번아웃이나 심하게는 중증 우울증으로 반응한다고 말한다. 베른트 슈프렝거는 "수면부족은 번아웃에 이르는 하강곡선을 만드는 본질적인 요소"라면서 푹 자주고, 의식적으로 일찌감치 잠자리에 들며, 하루를 보내는 동안 꾸벅꾸벅 조는 등 쉬는 시간을 늘려주는 것이 "번아웃을 예방하는 중요한 요소"라고 지적한다.

수면과학의 입장에서 보면 일하거나 학교에서 공부하는 날은 일주일에 4일 정도면 이상적이다. 그러면 일하는 날에 쌓인 수면부족을 나머지 3일 동안 상쇄해서 대략 균형을 맞출 수 있으니까.

잠을 많이 자기로 유명했던 독일인 두 사람은 이를 직관적으로 알았다. 그들이 일주일에 4일만 일했던 건 아니지만, 계속하여 충분한 잠을 자는 데 주의를 기울였다. 곧잘 수면을 주제로 글을 썼던 요한 볼프강 폰 괴테와 하루 중 여러 번 잠시 눈 붙이는 데 선수였던 알베르트 아인슈타인은 매일 밤 굉장히 많이 잤다고 한다. 그리하여 그들은 거의 언제나 잠을 푹 잔 상태로 살았다. 천재성과 창조력의 진정한 비밀이 거기에 있는지도 모른다.

학자들은 파리에게서 수면의 필요량을 결정하는 일련의 유전자들을 발견하였다. 가령 insomniac이라는 유전자는 잠을 많이 자는 버전과 적게 자는 버전이 있다. 그리하여 유전자에 따라 어떤 초파리는 (초파리의 잠은 인간과는 달리, 무수하게 잠깐씩 꾸벅꾸벅 조는 것으로 나타난다) 하루 14시간을 잠으로 보내고, 어떤 초파리는 하루 5시간밖에 잠을 자지 않는다.

학자들은 인간의 수면 필요량 역시 대부분 유전자에 의해 결정된다고 보고 있다. 부모가 특히 잠이 많거나 적은 사람들이라면, 자녀들 역시 부모를 닮을 확률이 높다. 그러나 많은 유전자가 동시에 수면조절을 담당하기에, 일반적으로 수면 필요량 역시 시간 유형처럼 정규분포 곡선을 따른다. 대부분의 사람들은 약 8시간 정도로 평균에 속하며, 여성이 남성보다 조금 더 잠이 많다.

잠을 얼마만큼 자야 하느냐는 질문에는 정확히 대답하기가 쉽지 않다. 학자들은 인간의 수면 필요량을 정확히 규정하는 걸 힘들어한다. 수면 욕구의 개인차가 너무 크고, 수면부족이 전혀 없는 실험 대상자를 찾는 것도 힘들다. 아무튼 하루 24시간 중 5~10시간 정도의 수면 욕구를 가진 것은 정상으로 여겨진다. 필요한 잠을 한 번에 몰아서 자든 여러 번에 걸쳐 나누어 자든, 그것도 별 상관이 없다. 물론 잠이 특별히 많거나 적은 사람들은 드물다. 5시간 미만의 수면으로 충분한 사람은 건강한 인구 중 약 2퍼센트에 불과하다. 10시간 이상의 수면이 필요한 사람들 역시 그 정도로 소수이다. 한동안 마음껏 자도록 해주면 사람들은 평균 7시간 반~8시간 정도 수면을 취한다.

노인 중 아침에 마음껏 늦잠을 자고, 종종 낮잠도 실컷 자면서 밤에 잠이 오지 않는다고 토로하는 경우가 있다. 수면압력이 크지 않기 때문이다. 이런 경우는 수면장애가 아니다. 깨어있을 때 전혀 수면부족 증상을 보이지 않기 때문이다.

수면압력이 없는 삶은 꽤나 행복할 수 있다. 미국의 생물심리학자 토마스 베어는 유명한 실험을 통해 그것을 보여주었다. 그는 24명의 실험 대상자로 하여금 넉 달간 매일 저녁 14시간씩 깜깜한 수면실험실 침대에 누워있게 하였다. 그러자 실험 대상자들은 처음에 12시간 이상을 졸거나 잠을 자며 그동안 쌓였던 수면부족을 모두 상쇄하였다. 그러고 나서 4주쯤 지나자 평균 약 8시간 15분 정도 수면을 취하는 것으로 수면−각성 주기가 안정되었다. 게다가 실험 대상자들은 기분이 아주 좋아졌는데, 살아가면서 이토록 컨디션이 좋았던 적은 없었다고 말한 사람도 여러 명이었다.

펜실베이니아의 시간생물학자 마티아스 배스너는 "우리는 기본적으로 정말로 푹 자고 났을 때 심신의 상태가 얼마나 좋아질 수 있는지를 잘 알지 못한다"고 말한다. 마티아스 배스너는 토마스 베어의 실험을 비롯해 수면 문제가 없는 건강한 사람들을 여러 날 동안 푹 자게 만들었던 비슷한 연구들에서 실험 참가자들이 그렇게 연속으로 푹 잔 뒤 "의식이 명료해졌다"고 보고했음을 이야기한다. 수영선수들의 경우 기록이 15미터당 0.5초 높아졌고, 순발력도 좋아졌고, 기분도 한결 밝아졌다.

수면 필요량뿐 아니라 잠을 얼마나 깊이 자는가도 개인에 따라 다르다. 독일 레겐스부르크의 수면의학자 위르겐 출라이는 수면이 심신 회복에 기여하는 정도는 "수면의 총량(수면시간)에만 달려있지 않다"고 지적한다. 중요한 것은 깊은 잠을 얼마나 많이 자는가이다.

수면장애가 있는 경우 깊은 잠을 자는 단계가 완전히 누락될 수도 있는데, 이렇게 되면 아무리 12시간을 자고 일어났어도 두들겨맞은 듯이 피곤하다. 때문에 수면의 양만이 수면 문제 진단 도구가 될 수는 없다. 더 중요한 것은 낮의 상태이다. 낮 컨디션이 좋다면, 수면이 나쁘지 않았을 가능성이 높다.

하지만 푹 자고 났을 때 기분이 얼마나 좋아지는지를 어떻게 알 수 있을까? 미국 수면재단National Sleep Foundation이 최근 실시한 설문조사 결과, 응답자의 5분의 1이 설문조사에 응답하기 전 2주 동안 아침에 푹 잔 날이 별로 없다고 대답했고, 약 10분의 1은 심지어 하루도 푹 자지 못했다고 대답한 것은 놀랄 일이 아니다.

이런 수치는 소수의 예외적인 사람들만이 평균을 깎아먹는 것이 아니라 아주 많은 사람들이 그런 경향에 기여하고 있다는 점을 여실히 보여준다. 모두가 매일 밤 원래 자신이 자야 하는 것보다 평균적으로 최소 30분은 적게 자는 셈이다.

서구 주민들의 수면시간은 지난 수십 년 동안 계속 뒷걸음질치고 있다. 실제 수면시간이 얼마나 줄었는지는 보고마다 차이가 있지만, 20~40년 전에는 하룻밤에 최소 30분~1시간을 더 잤다는 점만은 확실하다. 많은 전문가들은 50년~100년 전에는 현재보다 최대 2시간 정도 더 많이 잤다고 보고 있다. 최근의 분석에 따르면 평일 기준으로 우리는 10년 전보다 38분 적게 잔다.

수면시간 감소와 문명질병 증가가 동시에 나타나는 현상 앞에서 거의 모든 전문가들은 그 두 가지 경향 사이에 연관이 있다고 본다. 수면시간 감소가 문명질병을 증가시키는 요인 중 하나라고 말이다.

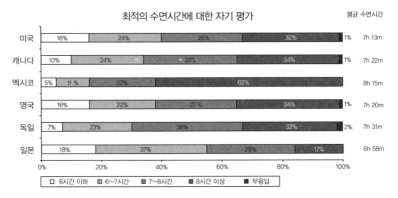

서로 다른 이상적 수면시간 미국 수면재단은 2013년 6개국 국민들의 수면 태도에 대한 데이터를 발표하였다. 국민들이 이상적이라고 답한 수면시간은 나라마다 적잖은 차이가 있다.

프리엔 암 킴제의 수면과학자 울리히 포더홀처는 "최소한 당뇨나 비만의 경우 수면부족과 확실한 연관이 있는 것으로 증명되었다"고 말한다. (전문가들이 한 목소리로 말하고 있는 바) 수면부족은 종합적으로 말해 우리를 늙고, 병들고, 멍청하고, 뚱뚱하게 만드는 주범이다.

하지만 이런 경고에도 불구하고 잠을 줄이는 트렌드는 계속되고 있다. 이해하기 힘든 일이다. 조금만 신경 쓰면 현대인을 괴롭히는 일련의 적을 한방에 맥 못추게 만들 수 있는데 말이다.

만연한 수면부족에 대항하여 뭔가 조치를 취할 최적의 시간이다.

안녕히 주무셨어요?

주께서 사랑하는 자에게 잠을 주시는도다

경제적으로 풍족한 사람들 사이에서 안티에이징이 한창 유행이다. 젊음을 유지하는 데 돈과 시간을 들이는 모습은 신분 상징이 된 지 오래다. 경영자들은 칼로리를 줄인 건강한 저녁식사를 하면서 새로운 조깅루트에 대해 잡담을 한다. 또 어떤 이는 안티에이징 전문의를 찾아가고, 피트니스센터에서 퍼스널 트레이너에게 레슨을 받기도 한다. 하지만 바로 이런 사람들이 누구나 규칙적으로 활용할 수 있는 신체의 가장 자연스런 젊음 유지 프로그램을 무시하며 살아가는 듯하다. 현대사회에서 잘 나가는 사람들은 특히 잠을 희생하는 경우가 많다. 그들은 가능하면 잠을 적게 자고 견디는 것이 능력과 탄력성을 입증하는 잣대라도 되는 양 행동한다.

끔찍하게 근시안적인 태도가 아닐 수 없다. 잠을 자면서 우리는 젊음을 유지하고, 신진대사의 균형을 이루기 때문이다. 잠자는 상태에서 생체시계들이 서로 소통을 하면서 헝클어진 균형을 맞추어 동시 진행한다. 그것이 바로 잠을 푹 자는 사람들이 그렇지 못한 사람들보다 장기적으로 더 날씬해지는 이유 중 하나다.

수면 중에 혈관계와 면역계, 피부, 간, 근육, 많은 다른 장기들이 새로운 세포를 생성한다. 노화한 세포는 제거되고, 감염과 염증에 대한 싸움이 진행된다. 그리하여 단잠은 사람을 건강하고 기분 좋고 젊게 만든다. 그러니 운동선수들이 성장호르몬을 도핑하다 발각되기도 하는 것이다. 성장호르몬은 사람의 모든 과정을 자극하는데, 도핑의 경우가 아니고는 깊은 잠을 잘 때 체내에서 분비되는 물질이다.

이제 운동선수들은 차라리 깊은 잠을 한 번 더 자주는 것이 효과적이라는 것을 배워가는 중이다. 트레이너와 스포츠 지도자들은 프로 축구선수들이 시즌을 준비할 때 단잠을 자게 하는 것이 중요하다는 사실을 인식하였다. 그리하여 시합을 떠날 때 선수들이 시차증을 줄일 수 있도록 정밀한 계획을 세운다. 독일 축구 국가대표팀은 훈련캠프에 개개인에 맞게 특수제작한 매트리스까지 가지고 들어간다.

프랑스의 질병역학자인 비르지니 고데 까에르가 동료들과 함께 계산한 바에 따르면 심각한 수면부족에 시달리는 직장인은 잠을 잘 잔 동료에 비해 결근 일수가 두 배 이상이었다. 잠을 제대로 못 잔 사람들은 연간 병가일수가 5.8일인 반면, 잠을 잘 잔 사람들은 2.4일이었다. 업무능력의 손실도 나타났는데, 캘리포니아의 수면과학자 마크 로즈킨드가 연구한 결과 잘 자지 못한 경우 기억력이 20퍼센트 감소하고, 결정능력은 50퍼센트 감퇴하는 것으로 나타났다.

잘 때 일어나는 모든 일은 많은 에너지를 필요로 한다. 잠자는 사람은 깨어있는 사람과 비슷한 칼로리를 소모한다. 물론 잠잘 때는 먹지도 않고 마시지도 않는다. 그리하여 잠을 오랫동안 깊게 자는 것이 사람을 날씬하게 만든다.

잠을 자는 동안 대부분의 에너지는 두뇌 속으로 흘러 들어간다. 이미 언급했듯이 잠의 신비는 두뇌 속에 숨겨져 있는 듯하다. 잠을 자면서 생각기관은 쉬지 않고 스스로를 새롭게 만들어나간다. 두뇌는 최고 출력으로 돌아가면서 자기 자신에게 몰두한다. 무엇보다 기억된 내용 중 중요한 것을 굳히고, 중요하지 않은 것은 버린다. 청소작업을 수행하고, 많은 신경세포 사이에 "데이터 고속도로"를 만들고, 세포들을 새롭게 연결시키면서 어떤 연결은 강화하고 어떤 연결은 다시금 제거한다.

두 번째 단계로 잠자는 두뇌는 지난 하루에 특히나 중요했던 사건들을 다시금 새롭게 들추어낸다. 어떤 인상이 중요했는지는 그와 연결되었던 감정으로 판가름난다. 미국의 뇌과학자 로버트 스텍골드가 최근 소개한 모델에 따르면, 잠을 잘 때 두뇌는 가장 우선적으로 중요한 경험과 중요하지 않은 경험을 분류하여 중요한 것은 머리로 보내고, 중요하지 않은 것은 버린다.

두려움, 기쁨, 행복감, 고통을 유발했던 것은 대뇌가 보기에 충분히 중요해서 이제 두 번째 단계에서 대뇌피질에 확고하게 고정되고 단단하게 심긴다. 반면 대부분의 다른 정보들은(불필요하게 에너지를 잡아먹고, 두뇌를 굼뜨게 만드는 쓸데없는 세포 연결들은) 잠자면서 지워진다. 영원히 바이바이!

그리하여 다시금 깨어나면 우리는 전날보다 조금 더 영리한 상태가 된다. 최근의 수많은 연구는 우리가 깨어있을 때 배우거나 훈련한 것들을 자고 나면 전보다 훨씬 더 잘하게 된다는 것을 확인해주었다.

자전거 타기나 테니스 치기 또는 악기 연습처럼 몸으로 배운 것들은 심지어 연습 후 48시간 동안 잠을 자지 않은 경우 완전히 잊어버리게 된다. 반면 단어나 공식 같은 추상적인 것들은 중간저장소가 있어서 며칠에서 몇 주까지 계속하여 그것들을 꺼낼 수 있다.

중요한 작업은 깊은 잠을 잘 때 일어나는 듯하다. 깊을 잠을 잘 때는 대뇌피질의 수십억 개에 이르는 신경세포들이 연합하여, 1초에 한두 번 모두 함께 강한 흥분상태가 된다. 몇 년 전에 약한 전류로 이런 깊은 수면을 인공적으로 강화시키는 데 성공하였다. 그랬더니 다음날 낮 동안의 기억력도 올라갔다. 2013년, 얀 보른을 위시한 튀빙겐의 뇌과학자 팀은 동기화된(동시진행하는) 음파로도 이런 일이 가능하다는 것을 보여주었다. 이 실험에서도 "수퍼 깊은잠"은 실험 대상자들이 자면서 정보들을 특히 잘 처리하도록 하였다.

기억력 증강을 위해 깊은 수면에 해당하는 음파를 생산하는 앱이 출시될 날도 멀지 않은 듯하다. 그러나 효과는 별로 없을 것이다. 음발생기(톤 제너레이터)가 우선 잠든 사람의 뇌파를 측정해야 하고, 발생한 음파가 정확히 두뇌의 흥분주기에 맞아야 하기 때문이다.

얼마 전 얀 보른 팀은 한 발 더 나아가 사람들에게 수면 전에 과제를 던져주고 관찰한 결과 수면을 취하고 난 후 새로운 해법을 떠올리는 경향이 있다는 것도 증명하였다. 수면은 두뇌 속 연관들을 새롭게 정리하여 익숙한 문제를 새롭게 바라볼 수 있도록 돕는 듯하다. 이 과정에서 밤 사이 혹은 꿈속에서 적시에 정신의 번뜩임(영감)이 온다. 꿈은 잠자는 두뇌의 일들이 반영되기 때문이다.

얀 보른은 아이들의 꿈에 관심을 가지고 있다. 아이들이 어른보다 잠을 훨씬 더 많이 자는 것을 두고 보른은 아이들이 어른보다 훨씬 많은 것들을 배워야 하기 때문이라고 설명한다. "아이들은 더 오래 잘 뿐 아니라, 깊은 잠을 훨씬 많이 자는데" 바로 이런 잠이 "학습에 굉장한 능력을" 행사한다는 것이다. 보른이 동료들과 막 발표한 연구는 아이들은 어른보다 잠을 더 많이 더 깊게 잘 뿐 아니라, 자는 동안 더 많은 정보를 무의식적이고 암묵적인 기억으로부터 영원히 사용할 수 있는 명시적 기억으로 옮긴다는 것을 증명하였다.

이런 연구결과를 고려할 때 우리 사회가 10대 학생들을 시간생물학적으로 너무 일찍 기상하게 만들어 만성 수면부족을 유발시킨다는 사실은 어리석기 짝이 없다. 이 역시 나중에 살펴보도록 하겠다.

"잠을 통해 우리의 과거는 비로소 현실에 의미를 부여하게 된다. 달리 말해, 잠이 없이는 의식도 없다." 나는 2007년에 이미 나의 책 《수면 북》에서 이 같은 결론에 도달하였다. 그 사이 많은 연구결과가 나와 당시의 가정을 확인해주었다. 그런데도 우리가 인생의 3분의 1을 요구하는 수수께끼 같은 "제2의 상태"를 부주의하게 방치해도 되는 걸까?

보른은 "정신적으로 건강하고 면역력이 좋아지려면 잠을 자야 한다"고 요약한다. 다른 많은 연구자들 역시 나이가 들면서 깊은 잠을 자는 시간이 적어지는 것이 노화와 학습능력 감퇴의 원인 중 하나라고 보고 있다.

미국의 최근 연구 또한 나이가 들수록 기억력이 떨어지는 것은 나이 들어가며 깊은 잠을 자는 시간이 감소하기 때문이라고 밝혔다. 얀 보른은 숙면에 도움이 되는 약이나 기술은 앞으로 히트상품이 될 것이라고 말한다. 결국 충분한 숙면을 취하려는 노력이야말로 "적극적인 안티에이징"이기 때문에.

얀 보른은 수면의 수수께끼를 푸는 연구로 2010년 세계적으로 명망 높은 학술진흥상인 라이프니츠 상을 받았다. 그러나 그렇게 바쁘게 연구를 하느라 자신의 말을 실천할 만한 시간적 여유가 있는지 모르겠다. 자신이 먼저 모범을 보여야 수면의 축복에 대해 고용주들을 설득하고 정치가들에게 조언을 할 수 있을 텐데 말이다.

그러면 사회는 그에게 감사할 것이다.

잠 못 자는 사회

현대사회에서 수면의 중요성은 너무 도외시되고 있다. 푹 자고 일어난 후 똘망똘망한 상태가 얼마나 유익한지를 알고 있지만, 우리는 전혀 그런 상태로 살고 있지 않다. 사회지도층, 자영업자, 학생 등 계층을 가리지 않고 모두가 분주해서 잠을 잘 시간이 충분하지 않다.

프리랜서들은 벌이가 좋지 않아 과로를 하는 경우가 잦다. 통계에 따르면 독일 피고용자들의 초과근무도 일상적으로 이루어진다. 학자의 약 17퍼센트, 기업이나 관청 간부의 약 38.5퍼센트가 주당 48시간 이상 일하며, 심지어 주당 60시간 이상 일하는 근무자가 170만 명에 이른다.

경제인이나 정치인, 고위공무원과 유명 방송인들은 잠을 얼마나 적게 자는지 은근히 강조하면서 스스로가 이 사회에 없어서는 안 될 사람임을 과시한다. 베르텔스만의 전 CEO 토마스 미델호프는 하루 수면시간이 딱 3시간이며, 도이체반(독일 철도주식회사)의 CEO 뤼디거 그루베는 하루 4시간만 잔단다.

이름은 밝히지 않겠지만 독일의 한 유명 여성 토크쇼 진행자는 언젠가 이렇게 말했다. "난 4시간만 자면 충분해요. 난 소가 아니니까." 하하! 그녀는 소가 다른 포유류에 비해서 유난히 잠이 적다는 사실은 몰랐던 것 같다.

미국 대통령 버락 오바마도 "4시간만 자면 되지."라고 말했다. 독일 총리인 앙겔라 메르켈은 어쨌든 자신은 4시간 자는 걸로는 부족하다는 것을 시인했다. 그러나 자신이 충분히 잠을 잘 시간이 없음을 우회적으로 표현한 것이다. 앙겔라 메르켈은 스스로 "어느 정도 비축한 에너지가 있지만, 그 에너지를 다 써버리고 나면 다시금 충전을 해주어야 한다"고 했다. 그럴 때면 10~12시간을 내리 잔다고. 메르켈은 자연과학 전공자로서 수면 연구결과들을 어느 정도 이해하고 있음에 틀림없다. 하지만 그 정도의 수면 보충으로 충분히 회복될까?

중요한 협상이 타결되지 않아 협상 시한을 밤 늦게까지 연장한다는 소리는 근사하게 들리지만, 수면과학적인 관점에서 보면 그리 현명한 태도가 아니다. 잠자지 않고 17시간째 깨어있는 사람들의 경우 학력검사Achievement Test에서 혈중알코올 농도 0.5프로밀 정도에 해당하는 능력 감퇴를 보이는 것으로 나타났다. 그러므로 정치인들이 아침 7시쯤 기상했다고 가정하면, 자정쯤에는 "적잖이 취한 채" 협상 테이블에 앉아있는 것과 같은 꼴이다.

24시간 잠을 못 잔 경우 반응시간은 푹 잔 상태에서 혈중알코올 농도 1프로밀일 때와 같은 수치로 떨어진다. 이런 상태는 때로 합의를 쉽게 끌어낼 수 있게 해줄지도 모른다. 그러나 과연 현명한 결정을 할 수 있을까? 잠을 푹 잔 지도자들이 이끄는 나라의 모습은 얼마나 좋아질지 생각하지 않을 수 없다.

독일 정치가 중 수면과 관련해 본받을 만한 사람은 전 함부르크 시장 올레 폰 보이스트다. 2008년 선거전에서 어떻게 긴장을 푸느냐는 질문에 그는 일찍 잠자리에 들고 잠을 많이 자는 것이 자신의 휴식법이라고 대답했다. 선거 당일에도 그는 10시 30분에서야 투표소에 모습을 드러내고는 간만에 푹 자고 일어났다고 말했다. 브라보!

하지만 다른 사람들을 비판하는 것만으로는 충분하지 않다. 우리

안녕히 주무셨어요?

는 스스로 만성 수면부족과 투쟁해야 한다. 우리는 24시간 제공되는 쇼핑, 오락, 스포츠, 미디어를 어떻게 활용할 것인지 선택할 수 있다. 먼저 스스로에게 무엇이 더 중요한지를 분명히 해야 한다. 여가활동이나 일이 중요한지, 잠을 푹 자는 게 중요한지.

잠을 선택하는 사람은 더 적은 시간 일하고 여가시간이 줄어든다 해도, 질적으로는 더 좋아진다는 사실을 경험하게 될 것이다. 더 적은 시간 일해도 더 효율적이고 능률적으로 진행되어 더 많은 양을 단시간에 처리할 수 있다. 더 좋은 컨디션으로 여가를 집중적으로 누리고, 그 활동에서 더 많은 즐거움을 맛보게 될 것이다.

잠이 모자란 사람들은 일을 할 때 효율성이 떨어지며, 비단 일과 관련되지 않더라도 에너지가 많이 들거나 머리를 써야 하거나 창조성이 필요한 일에 대한 원동력이 떨어진다.

잠을 푹 잔 사람들은 삶으로부터 더 많은 것을 얻는다.

펜실베이니아의 수면과학자 마티아스 배스너는 모두가 잠이 유익하다는 것을 알면서도 수면에 우선순위를 두지 않는 것이 놀랍다고 지적한다. 배스너는 "잠은 그동안 상품으로 전락했다"고 말한다. 그는 현대인의 시간 활용 패턴을 분석한 뒤 대다수 사람들이 잠에 가장 인색하다는 것을 확인하였다. "더 많이 일하는 사람일수록 잠을 적게 잔다." 반면 여가시간은 좀처럼 희생하려 하지 않는다.

저녁에는 모두가 거의 비슷한 시간에 잠자리에 든다. 좋아하는 텔레비전 프로그램이 끝난 뒤에 말이다. 하지만 일을 많이 하는 사람들은 아침에 일찌감치 기상한다. 그리하여 원래 잠이 적은 사람 아니고는 모두가 제대로 깨지 않은 정신으로 하루를 시작한다.

잠을 푹 자지 못하는 사회에서는 거의 모든 사람이 여러 날 동안 하루 4시간 혹은 6시간의 수면만 허락되었던 펜실베이니아의 수면 실험실 대상자들과 비슷한 형편이 된다. 직업적인 스케줄, 출장, 초과근무, 문화행사, 스포츠, 혹은 텔레비전과 인터넷처럼 시간을 잡아먹는 여러 가지 것들이 일상을 지배한다. 이런 분위기에서 충분한 수면을 취하는 것은 중요해 보이지 않는다. 그러다 보면 수면부족은 몇 주 혹은 몇 달씩 축적된다.

게다가 아주 많은 사람들이 수면장애를 가지고 있다. 독일인 10명 중 하나가 만성 불면증으로 쉽사리 잠을 이루지 못하고, 잠을 이룬다 해도 아침까지 내리 자지를 못해 낮에도 컨디션이 좋지 않다. 20명 중 한 명은 불면증으로 치료를 받을 정도다. 다른 나라의 비율도 비슷하다. 비단 산업국가에서만 나타나는 문제도 아니다. 영국 워위크 대학교의 새베리오 스트레인지스 팀은 2012년 아프리카와 아시아 저개발 국가 주민 4만 명의 데이터를 분석한 뒤 빈곤지역에서도 1억 5,000만 명이 수면장애를 겪고 있다고 결론내렸다.

그러나 성과 중심 사회에서는 스스로 잠을 잘 잔다고 여기는 사람들이 더 문제일 때가 많다. 계속하여 자신의 수면 욕구(수면 필요)를 과소평가하기 때문이다. 베를린의 수면의학자 잉고 피체는 "수면에

문제가 없다고 생각하는 사람이 수면에 가장 무관심하다"고 지적한
다. 피체는 "잠이 잘 오는 사람들과 수면장애로 괴로워하는 사람들을
한 번쯤 바꾸면 얼마나 좋을까," 하고 농담을 한다. 수면장애로 고생
하는 사람들은 수면에 지나치게 신경을 쓰며 잠을 자려고 기를 쓰기
때문이다. 뮌스터의 수면의학자 틸만 뮐러는 "그러다 보면 수면장애
는 더 악화되고, 불면증이 생겨나는 경우가 많다"면서 "이 경우 매일
밤 8시간씩 잠을 자라는 고리타분한 조언은 오히려 역효과를 불러일
으킨다"고 말한다.

일본인과 미국인의 경우 평균 수면시간은 독일인보다 더 뒤진다.
독일인은 평일에 7시간 1분을 자는 반면, 일본인의 평일 평균 수면시
간은 6시간 22분, 미국인은 6시간 31분이다. 이 역시 이미 언급했던
미국 수면재단이 6개국의 수면 행동을 상호 비교한 연구에서 확인할
수 있는 사실이다. 그러나 일본인과 미국인들은 낮에 잠깐씩 조는 시
간이 더 많은 것으로 보인다. 멕시코인과 캐나다인은 독일인과 수면
시간이 비슷하며, 영국인은 6시간 49분으로 그 중간이다.

설문결과에 따르면 참여한 모든 나라의 주민들이 수면과 관련하여
모순적인 태도를 지닌 것으로 보인다. 즉 나라를 막론하고 3분의 2에
이르는 대다수의 사람들이 평일에 잠을 너무 적게 잔다고 응답한 반
면, 현재의 업무리듬을 고려할 때 전반적으로 잠을 충분히 자고 있다
고 대답한 응답자 역시 3분의 2 이상이었던 것이다. 이 같은 응답은

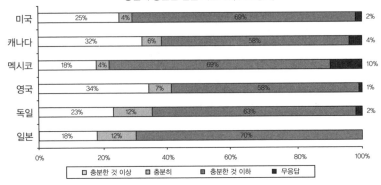

평일에 충분한 잠을 자는가?(수면 평가)

미국	25% / 4% / 69%	2%
캐나다	32% / 6% / 58%	4%
멕시코	18% / 4% / 69%	10%
영국	34% / 7% / 58%	1%
독일	23% / 12% / 63%	2%
일본	18% / 12% / 70%	

0%　20%　40%　60%　80%　100%

□ 충분한 것 이상　□ 충분히　■ 충분한 것 이하　■ 무응답

잠 못 자는 사회 많은 나라에서 응답자의 약 3분의 2가 평일에 잠이 부족하다고 답했다.

만성 수면부족에 대한 인식 부족을 단적으로 드러낸다.

그렇다면 사람들은 거의 매일 밤 잠자기 전에 무슨 활동을 할까? 무엇이 그들로 하여금 적절한 시간 잠자리에 들어 충분한 수면을 취하는 것을 방해할까? 각국 응답자의 66~80퍼센트가 텔레비전을 본다고 대답했고 40퍼센트는 스마트폰을 만지작거리는 것으로 나타났다. 물론 전화 통화를 위해서가 아니라 놀기 위해서(여기서는 복수 응답도 가능했다).

늦은 밤의 활동과 관련해서는 문화적 차이도 컸다. 일본인의 약 3분의 2는 늦은 저녁에 컴퓨터나 태블릿 PC 같은 것에서 놓여날 수가 없고, 독일인의 경우 4분의 1만 그러한 것으로 나타났다. 멕시코인의 65퍼센트는 잠자리에 들기 전에 기도나 명상을 하는 것으로 나타났는데, 이것은 긴장 이완에 도움이 되어 잠을 이루기 쉽게 해준다. 독

　　　　　　　　　　　　　　　　안녕히 주무셨어요?

일에서는 이런 식의 긴장 이완에 도움이 되는 밤 의식을 갖는 사람이 14퍼센트, 일본의 경우 5퍼센트에 불과했다.

연구에 참여한 학자 러셀 로젠베르크는 이 결과가 "만성 수면부족이 전 세계적으로 중대한 건강상의 문제임을 보여준다"면서 더 많은 휴식을 취하고 핸드폰과 텔레비전을 더 자주 꺼놓고 저녁시간을 더 쾌적하고 편안하게 보내는 데 익숙해져야 할 것이라고 말했다. 로젠베르크는 "잠이 잘 오는 환경을 만들라. 그러면 삶이 달라질 것이다." 라고 힘주어 말한다.

따라서 우리는 잠을 앗아가는 것들과 싸워야 한다. 그러나 세계 전역의 수면 전문가들은 이런 면에서 현재 아무런 노력이 보이지 않는다고 입을 모은다. 뮌스터의 과학자 틸만 뮐러는 대부분의 교통사고가 졸음운전으로 인한 것임에도 교통경찰들은 운전자의 알코올 농도만 측정할 뿐이라면서 "사실은 각 모퉁이에서 졸음 정도를 측정해야할 것"이라고 지적한다.

펜실베이니아의 마티아스 배스너는 미디어 소비에 더 관심을 갖는다. 그는 "가장 강력한 사회적 시간 신호장치timegiver를 변화시켜야 한다. 그것은 바로 저녁의 TV 프로그램이다."라고 목소리를 높인다. 밤늦은 시간에 텔레비전에서 예전의 화면 조정시간에 보았던 것처럼 테스트 패턴만을 내보낸다면, 대부분의 사람들은 더 일찌감치 잠자리에 들 것이다. 수면의학자 디터 리만은 야간 소음이 수면을 방해하지 않도록 조심해야 함을 상기시킨다.

레겐스부르크의 위르겐 출라이는 얼마 전부터 수면 전도사로 변신했다. 오래 전부터 강의, 토크쇼, 책을 통해 독일인에게 수면의 중요성을 계몽해온 그는 2010년 퇴직한 뒤로는 대중을 대상으로 한 활동을 더욱 활발히 전개하고 있다. 위르겐 출라이는 수면과 관련하여 두 가지 커다란 오해가 불식되기를 희망한다. "첫째, 잠은 정지상태가 아니라는 것. 따라서 일에서 능력을 발휘하고 싶은 사람일수록 푹 자야 한다는 사실. 둘째, 수면은 억지로 할 수 있는 일이 아니라는 것, 즉 원한다고 잘 수 있는 게 아니라는 사실. 수면에 들어가고자 하는 사람은 마음이 편안하고 육체가 고단한 상태라야 하며, 그럴 때 잠은 저절로 온다는 것."

서머타임이 잘못된 정책인 이유

19세기까지 독일은 도시마다 시간이 달랐다. 그래서 여행자들은 도착하는 도시에서 가까운 교회시계탑을 찾아 시계를 다시 맞춰야 했다. 1893년에야 독일제국은 중부유럽 표준시로 통일하였다. 무엇보다 철도공무원들의 경우 60개의 서로 다른 시간대에 맞추어 일하는 것이 너무 복잡했기 때문이다.

그러다가 1차 대전 때 시간과 관련한 새로운 아이디어가 관철되었다. 바로 서머타임이었다. 1916년 5월 1일 독일인들이 앞장서서 시계를 1시간 앞으로 돌렸다. 서머타임이 에너지를 절약하게 해주고, 전쟁으로 인해 가뜩이나 힘든 산업에 낮의 햇빛을 좀더 잘 활용할 수 있도록 도움을 준다고 했다. 그리하여 서머타임의 영어이름은 "daylight saving Time"이다. 그렇게 도입된 서머타임은 3년 뒤 폐지되었다. 하지만 1940년부터 1949년까지 독일인들은 다시금 서머타임을 도입하였고, 1947년에는 "하이 서머타임"이라고 하여 총 2시간을 앞당겼다. 서머타임은 그 뒤 1980년대 독일에서 재도입되어 현재까지 이어지고 있다.

하지만 오늘날 비판의 목소리는 점점 더 커지는 추세다. 최근의 설문조사는 서머타임 실시를 반대하는 사람들이 점점 더 많아지고 있음을 보여준다. 2013년 에를랑엔의 의사 푸베르투스 힐거가 진행한 서머타임제 폐지를 위한 온라인 서명운동에는 몇 달 사이 5만 5,000명 이상이 서명하기도 하였다.

2014년 봄에는 심지어 바이에른의 경제부 장관이자 바이에른 주 부총리인 일제 아이그너가 자신의 소속 정당인 기독교사회당CSU이 유럽 선거에서 표를 많이 얻을 수 있도록 하기 위해 유럽연합에서 서머타임제 폐지를 위해 노력하겠다고 공표하였다. 그 직후 기독교민주당CDU 역시 전당대회에서 비슷한 결의를 하였다. 이 테마가 얼마나 대중적인 관심을 자아내는지를 정치가들이 파악한 것이다.

하지만 어떤 유권자 층에서도 거부감을 사지 않기 위해 CDU는 서머타임 시간을 일년 내내 유지하고 싶은지, 보통 시간을 유지하고 싶은지에 대해서는 능숙하게 답을 열어놓았다. 반면 아이그너와 CSU는 일년 내내 서머타임 시간을 유지하는 것을 명백히 찬성하고 있다. 그로써 그들은 시간생물학과 인간의 생체시계에 대한 무지를 인상적으로 드러냈다.

서머타임제를 폐지해야 하는 이유는 명백하다. 서머타임 실시로 저녁에 산업현장에 인공조명을 밝히는 데 들어가는 에너지를 절약할 수 있다고 하지만, 산업생산량에 비해 인공조명에 들어가는 에너지는 그리 많지 않아서, 서머타임이 가져오는 경제적 유익은 크지 않다. 오히려 저녁에 인공조명을 하지 않음으로써 절약하는 에너지 이상으로, 아침에 추가적인 난방을 하는 데 에너지가 들어간다는 것을 감안해야 한다.

전체적인 에너지 결산을 내보는 것은 어렵지 않다. 에너지를 아끼고자 실시한다는 서머타임이 오히려 에너지를 더 많이 잡아먹는다는 사실을 뒷받침하는 연구결과는 점점 늘고 있다.

게다가 서머타임이 미치는 해로운 영향은 한두 가지가 아니다. 영국의 데이터에 따르면 서머타임이 시작되고 첫 이틀간은 교통사고가 증가한다. 미국의 연구자들은 서머타임이 시작된 첫 월요일에는 심근경색 발병률이 약 25퍼센트 증가하며, 반대로 서머타임이 끝나고 일반 시간으로 돌아가는 월요일, 즉 사람들이 합법적으로 1시간 더

안녕히 주무셨어요?

잘 수 있는 날에는 심근경색 발병률이 21퍼센트 감소한다고 밝혔다.

서머타임으로 인한 "미니 시차증"을 극복하는 데 일주일 정도 걸리는 사람들이 많다. 그리하여 서머타임에 돌입한 직후에는 병원 내원 환자가 평소보다 12퍼센트 증가한다. 수면제와 항우울제 처방도 증가한다. 특히 나이든 사람과 어린아이들은 시간 전환에 적응하는 것이 힘든 듯하다. 젖소 역시 시간 전환에 적응하기 힘들어한다는 것은 널리 알려진 사실이다. 서머타임으로 인한 시차증이 비행기를 타고 다른 시간대로 갔을 때보다 더 심각하다는 것 역시 일찌감치 규명되었다. 그 이유는 시간은 달라졌는데 장소는 변함이 없으므로 외적인 신호들이 변하지 않기 때문이다. 시간에 비해 태양은 여전히 1시간 늦게 뜨고 진다. 그로써 생체시계는 외부 시계와 동시진행할 수 있는 신호를 받을 수 없게 되는 것이다.

이것은 서머타임 상황이 그리스로 여행하는 것과는 기본적으로 다르다는 것을 보여준다. 외부의 시간 신호가 뒷받침해주지 않기에 생체시계의 지휘자인 중뇌 속의 중추시계는 서머타임으로의 전환 뒤에도 저녁 적시에 "야간 모드"로 전환하는 게 쉽지 않다. 그리하여 우리는 외부 시간 기준으로 평소보다 1시간 더 늦게 졸음이 온다. 이것은 서머타임으로 전환한 후 며칠만 그런 게 아니라, 가을에 서머타임 이전으로 되돌아갈 때까지 내내 나타나는 현상이다.

바로 여기에 서머타임제의 딜레마가 있다. 사람들은 약 7개월간 아침 쪽으로 당겨진 외부 리듬에 따라 살도록 강요당한다. 하지만 생체시계를 서머타임 기간 내내(매일 낮, 밤을) 추가적으로 조절하기에는 외부의 신호가 또 따라주지 않는다. 해는 오히려 더 늦게 지므로 생체시계는 서머타임 내내 지체되는 것이다.

짧은 기간 동안 시차증을 겪는 것은 주목할 만한 증상을 유발하기는 하지만 오히려 작은 문제이다. 그러나 서머타임은 체계적으로 수면을 박탈하는 가장 큰 주범이다.

종달새들에게는 이 모든 게 문제 되지 않는다. 그들은 어차피 초저녁부터 잠이 오며, 아침에는 자명종이 울리기도 전에 푹 자고 발딱 일어난다. 하지만 지난 장에서 언급했듯이 전체 인구 대비 종달새의 비율은 매우 낮다.

평균적인 시간 유형이나 오히려 올빼미와 비슷한 시간 유형을 가진 대다수 사람들의 형편은 아주 다르다. 전체 인구의 약 3분의 2를 차지하는 이들은 서머타임이 아니더라도 평일에는 이미 사회적 시차증으로 수면부족에 시달린다. 그런데 서머타임이 이런 상황을 더 악화시키는 것이다. 청소년이나 젊은이들의 경우 특히 문제가 심각하다. 젊은이들은 나이든 사람보다 더 야행성 경향을 보이기 때문이다.

그리하여 사회적 시차증에 시달리는 다수의 사람들은 서머타임 기간에 저녁마다 적절한 시간에 잠이 오지 않는다. 외부 시간 기준으로 평소보다 1시간 늦게까지 날이 밝아있기 때문이다. 그럼에도 이른 아침이면 자명종이 가차 없이 울려 그들을 잠에서 깨운다. 여러 수면

연구결과들은 그렇게 조금씩 조금씩 누적된 수면부족이 만성 수면부족으로 진행된다는 것을 입증해준다.

서머타임을 실시하는 국가에서 많은 사람들이 여름 내내 그리고 가을에 이르기까지 피곤하고 지치고 집중력을 발휘하기가 힘들다고 느끼는 것은 사회적 시간과 생물학적 시간이 1시간 벌어지기 때문이다. 이런 현상을 막으려면 오직 한 가지 조처만이 도움이 된다. 바로 일반적인 시간을 일년 내내 유지하는 것이다.

따라서 서머타임은 폐지되어야 한다. 그러면 저녁형에 치우친 사람과 평균적인 시간 유형에 해당하는 대부분의 사람들은 더 건강해지고 영리해지고 컨디션이 좋아질 것이다. 반면 소수의 종달새들만이 주말 밤 늦게까지 이어지는 밤의 행사를 제대로 즐기지 못할 것이다. 그러나 이것은 비교적 부차적인 문제이다.

그런데 시간 전환에 반대하는 독일의 정치가들마저 일년 내내 서머타임 시간을 유지하는 쪽을 더 선호하는 이유는 무엇일까? 그렇게 하면 문제는 더 악화되는 데 말이다. 정책담당자들 중에 서머타임으로 유익을 얻는 아침형 인간이 많아서인지도 모른다. 서머타임으로 가장 큰 고통을 당하는 청소년들에게는 아직 선거권이 없다. 그리고 부모들은 대부분 인공적으로 강화된 사회적 시차증에 대해 흥분하고 항의할 만한 시간적 · 정신적 여유가 없다.

하지만 정치가들이야말로 공공복지에 대한 의무가 있지 않은가.

그러므로 그들은 학문적 논지들을 진지하게 받아들이고, 말도 안 되는 서머타임제를 폐지하는 데 팔을 걷어붙여야 한다.

인터넷에서 서머타임에 대한 논의들을 살펴보고, 전문가 자격으로 라디오의 청중 토론에 참가하거나 강연을 통해 많은 사람들과 이야기를 하다 보면 서머타임 시간을 일년 내내 고수하면 좋겠다는 사람들이 더 많다는 인상을 받는다. 그들은 종종 매우 공격적으로, 때로는 상당히 무례하게 똑같은 의견을 개진한다. 아직 날이 밝을 때 일찍감치 퇴근하여 넉넉한 여가시간을 보낼 수 있으면 좋겠다는 의견이다. 사회가 이런 개인적인 즐거움을 앗아가서는 안 될 것이라면서.

얼핏 아주 설득력 있게 들린다. 하지만 큰 목소리를 내지 못하는 다수의 사람들, 아침마다 자명종에 의지해 일어나야만 하는 사람들은 밝은 저녁에 여가시간이 주어져도 그 시간을 제대로 누릴 수 없다. 만성적 수면부족 상태인지라 해가 지기 전에 이미 피곤하고 지쳐 있기 때문이다. 단지 체내 시간감각 때문에 잠이 들 수 없는 것뿐이다. 게다가 시간상으로는 저녁이 되었는데도 해가 있기 때문에 아침 제시간에 일어나지 못하는 그들의 문제는 점점 더 강화된다.

물론 만성적 수면부족에 시달리는 사람들 중에서도 서머타임을 찬성하는 이가 소수 있다. 어쩌면 그들은 단지 자신들의 논지가 더 불리하다는 것을 알고 있는 게 아닐까? 내가 앞장에서 요구했듯이 업무시간이 지금보다 더 개인화된다면, 종달새들 또한 더 이상 일반적인 시간을 일년 내내 유지하는 것에 반대할 이유가 없을 것이다. 업무시간이 개인화되면, 그들은 그냥 1시간 더 일찍 출근하고, 퇴근 후 남은 햇빛을 즐기면 되니까.

따라서 시간생물학과 수면과학의 인식 앞에서 서머타임을 일년 내내 유지하자는 의견은 정말이지 더 이상 논의할 가치조차 없다. 그렇게 고집을 피우는 사람은 이기적이거나 유권자의 목소리를 지나치게 의식하거나 아니면 순진한 사람이다. 무엇보다 러시아의 예는 그런 성급한 결정이 장기적으로 어떤 결과를 불러오는지를 잘 보여준다. 러시아에서는 2011년 여러 시간대를 통합하면서 서머타임제를 일년 내내 유지하기로 하였다. 그러나 정책 실행 이후 전국이 수면부족으로 신음했다. 우울증이 증가하고 출산률이 감소할지도 모른다는 점은 이미 논의가 된 상태였다.

시민의 다수가 가능하면 얼른 일반 시간으로 복귀하기를 원했다. 그리하여 드미트리 메드베데프 대통령은 2013년 초 그 현상을 학문적으로 연구하도록 지시하였고, 2014년 10월부터 일반 시간으로 전환하여 일년 내내 유지하고 있다.

수면 도둑과 맞서 싸우라

우울증, 번아웃 신드롬, 공포장애와 같은 심리질환, 알코올중독이나 여타 약물중독은 직장인들의 병가일수를 늘리고 조기퇴직을 유발하는 원인들이다. 전에는 이런 질병으로 진단받는 것이 흔치 않았다. 현대에 들어 이들 질환으로 진단받는 게 늘어난 것은 질환에 대한 민감성이 증가했기 때문이기도 하다. 하지만 베를린의 심리학자 프랑크 야코비 같은 전문가들은 그런 요인을 감안한다 해도, "심리정신적 요구의 증가"가 이들 질환 증가에 한몫 하는 것으로 보고 있다. "점점 가중되는 직장생활의 요구가 많은 사람들에게 심적 부담이 되고 있다"고 말이다.

언론은 이런 문제를 다루며 직장에서 받는 스트레스가 증가하고 있다고 모호하게 표현한다. 그러나 생물학적으로 볼 때 스트레스의 중요한 유발자는 바로 만성 수면부족이다.

프라이부르크의 수면의학자 디터 리만은 "모든 심리질환(심리장애)은 수면의 변화를 동반한다"고 말한다. 이제 많은 전문가들은 수면장애, 수면부족, 또는 생체리듬 장애가 우울증과 중독질환의 결과로서 초래될 뿐 아니라, 왕왕 그런 질병을 유발하는 원인이라고 보고 있다. 리만은 "충분한 수면을 취할 수 있도록 배려를 해준다면, 사람들의 정신건강은 눈에 띄게 좋아질 것"이라고 지적한다.

자, 여기 수면시간을 늘리는 데 도움이 되는 웨이크업 요구들을 정리해보았다. 이런 조처들은 질병 예방의 잠재력을 지닌 것들로, 조금만 노력하면 실천에 옮길 수 있다.

● 많은 사람들은 시간이 남으면 걷거나 조깅을 하고, 건강에 좋은 음식에 대한 정보도 챙기며 "느리게 사는 것"을 막연하게 동경한다. 그러나 충분한 수면을 취하는 것, 자연의 리듬에 따라 시간 관리를 하는 것이 우리의 건강과 컨디션에 얼마나 중요한지를 깊이 깨달은 사람은 소수이다. 그리하여 수면에 대한 계몽이 일반적인 질병예방의 중요한 축을 이루어야 한다. 수면과 휴식은 운동과 균형 잡힌 영양 못지않게 건강에 중요하다.

● 서머타임은 폐지되어야 한다. 시간을 억지로 앞당기면 인간의 생체시계에 후유증이 생긴다. 서머타임 제도는 기술을 도구로 인간의 생물학을 극복할 수 있다고 생각하며, 생물학을 얕잡아보았던 시대의 유물이다. 서머타임은 대다수 사람들에게 만성 수면부족만 초래한다. 이는 정치적인 이유로 시민의 건강을 도둑질하는 것이나 다름없다.

● 성장 지향적인 산업국가에서는 쉬운 일이 아니겠지만, 우리는 차츰 주중에 4일만 일하는 쪽으로 바꾸어나가야 한다. 수면 연구의 최신 인식에

따르면, 그것은 국민경제적으로도 이득이 된다. 건강이 좋아지고, 에너지가 절약되고, 창조성이 증가하기 때문이다. 학생들도 마찬가지로 교과과정을 축소하고 수업시간 수를 줄임으로써 유익을 얻을 수 있다. 하물며 잠 안 자고 공부한다는 생각은 버려야 한다. 푹 자고 일어나면, 학습내용이 더 쏙쏙 들어온다.

- 규칙적인 수면 리듬을 고수해야 한다. 저녁에 늘 같은 시간에 잠자리에 드는 일은 매우 중요하다. 아이들도 잠자리에 드는 시간을 정해놓는 것이 좋다. 하지만 그 시간은 개인적으로 다르다. 아이는 졸리지 않은데 부모가 억지로 잠자리에 들도록 강요하는 것은 오히려 해로울 수 있다(이에 대해서는 나중에 더 살펴보도록 하자).

- 소위 수면 위생(좋은 수면 습관)이 중요하다. 늦은 시간에 커피 마시지 않기, 저녁에 과식하거나 운동을 과하게 하지 않기, 과음하지 않기, 저녁에 범죄물이나 공포영화처럼 자극적인 텔레비전 프로그램 시청을 삼가기. 그리고 침실에 텔레비전을 놓아두는 것은 현명하지 않다. 침실은 되도록 아늑하고 편안하고 조용한 공간이라야 하며 18~20도 정도로, 너무 덥지도 춥지도 않아야 한다.

- 휴가 중에 수면 요양을 하면 좋다. 2~3주 동안 저녁에 졸음이 오면 잠자리에 들고, 아침에는 일찍 눈이 떠지더라도 다시 한 번 돌아누워 잠을

청하라. 자명종은 꺼두고 아침 일찍 약속을 잡지 말아라.

● 빡빡한 일정으로 인해 한동안 잠을 줄여야 했다면 반드시 회복기를 가져야 한다. 직원들을 멀리 출장보내는 일이 잦거나 프로젝트를 위해 장기간 초과근무를 시킨 경우, 고용주는 유급 특별휴가를 주어야 한다.

● 초과근무를 전반적으로 제한해야 한다. 기업인들은 직원들의 건강을 생각해 초과근무 상한선을 확정해놓아야 한다. 그리고 이미 상한선에 도달한 경우, 그 이상의 초과근무는 같은 양의 휴무시간(이상적으로는 그 시간에 잠을 자야 한다)으로 보상해야 한다.

● 상점 개장시간은 단축되어야 한다. 밤 9시 이후에는 굳이 물건을 구입하지 않아도 된다. 그러면 각 상점에 고용된 직원들도 유익을 얻는다.

● 수면장애(공식적으로 88가지 서로 다른 장애가 있다)는 앞으로 더 효과적으로 치료되어야 한다. 현재 수면의학 분야는 거의 불모지라 할 수 있는데, 수면치료실을 늘리고 수면의학 전문의를 양성함으로써 환자들을 잘 돌볼 수 있도록 해야 한다.

● 야간 소음을 줄이는 데 신경 써야 한다. 화물차는 거주구역을 가로지르지 말고, 야간비행 금지시간을 더 엄격하게 준수해야 한다.

5장

교대근무 종료에
대하여

밤이 낮이 될 때

얼마 전 영국에서는 22명의 실험 대상자들이 외부와 완전히 차단된 채 실험실에서만 3일을 지냈다. 하루 일과는 평범하게 진행되었다. 시계만 다르게 갔을 뿐. 이 실험실의 밤낮 리듬은 낯선 행성을 모방해 하루 28시간으로 되어있었다.

28시간으로 된 시계가 세 번을 돌아갔으니, 인공적으로 4시간 더 연장한 하루가 3일 지나간 셈이었다. 실험을 고안한 생물학자 시몬 아처 팀은 이 기간 동안 여러 차례에 걸쳐 실험 대상자의 혈액을 채취하였다. 비정상적인 삶의 리듬으로 인해 세포 내 유전자 활동의 전형적인 시간생물학적 리듬이 변했는지, 변했다면 어느 정도로 많이 변했는지를 보고자 함이었다.

실험실에서 28시간으로 구성된 3일을 보냈으니, 실험 대상자들의 하루는 원래 시간에 비해 12시간이 밀려난 상태에 있었다. 외부에서 볼 때는 낮을 밤으로 만들고 밤을 낮으로 만든 상태. 그리고 이런 상태는 후유증이 없지 않았다. 혈액세포에서 유전자 활동의 자연적인 리듬 진폭이(유전자 활동 리듬이) 굉장히 약화되어 있었다. 무려 6팩터 factor(인수)나 차이가 났다. 아처는 "시간생물학적인 리듬을 가지고 활성화되는(활동하는) 유전자의 97퍼센트 이상이 잘못된 시간에 수면을 취함으로써 동기화를 잃어버렸다"면서 "이런 실험결과는 시차증이나 부적절한 시간의 교대근무가 컨디션에 악영향을 미치는 이유를 정확히 설명해준다"고 지적했다.

2014년에 공개된 이 연구는 원래 수면이나 휴식을 취해줘야 할 시간에 일을 하면 신체에 어떤 부담을 주게 되는지를 인상적으로 보여준다. 이와 비슷한 학문적 연구는 아주 많다. 이 연구는 그 중 가장 최신의 외침일 따름이다. 우리가 밤에 일하도록 만들어져 있지 않다는 인식은 더 이상 의심할 바 없다.

신진대사, 면역계, 신경계에서 생체시계의 신호를 따르지 않는 영역은 하나도 없다. 최근 아처 팀이 관찰했듯이 교대근무나 야근 또는 시차증이 동반하는 문제의 핵심은 생체리듬의 비동기화(생체리듬이 동시진행하지 않는 것)이다. 알다시피 파일럿이나 비행기 승무원, 많은 사업가들은 시차증에 자주 노출된다.

시차증을 겪거나 교대근무를 하는 사람들의 경우 빛, 활동, 음식섭취(영양 섭취) 같은 중요한 시간 신호자timegiver들이 서로 모순된 신호를 보낸다. 외부로부터 이렇듯 모순된 "인풋"이 주어지면, 중추시계와 그외 많은 하부 장기들의 생물학적 시계들이 리듬의 통일성을 잃게 된다. 심신이 기대하지 않았던 시간에 먹고 생각하고 자고 운동한다면 해롭지 않을 수 없다. 서로 조율하고 맞추는 신체의 리듬으로 구성된 복합적인 생체시계 시스템은 엉망이 되며, 이런 상태는 장기적으로 질병을 유발한다.

이번 장에서 나는 이런 문제를 정확히 진단하고, 우리 시대가 처한 가장 큰 딜레마 즉 자꾸만 밤을 낮으로 만드는 경향에서 벗어날 길을 모색하고자 한다.

생체시계는 어떻게 조절되는가

생체시계와 수면에 관해 강연을 하고 난 뒤, 청중으로부터 가장 많이 받는 질문은 이것이다. "기존의 생체리듬을 바꿀 수 있을까요?" "종달새에서 올빼미가 될 수 있을까요, 아니면 올빼미를 종달새로 만들 수 있을까요?" "교대근무에 맞추어 능률이 오르는 시간을 의도적으로 변화시켜서, 시간을 거슬러 살아도 건강에 해롭지 않도록 만들 수 있을까요?"

나의 대답은 언제나 똑같다. 약간 쭈뼛거리며 "그럴 수 있는 동시에 그럴 수 없다"고 대답하는 것이다. 생체리듬은 어느 정도 새롭게 조절할 수 있다. 하지만 생체리듬은 자꾸만 타고난 기본 패턴으로 되돌아가려고 한다. 생체시계를 조작하려는 시도들은 빠르게 그 한계에 부딪힌다. 그리하여 대략적인 공식은 최대 2시간까지는 하루 리듬을 앞으로 혹은 뒤로 조정할 수 있다는 것이다. 그 이상은 무리다.

생체시계를 앞당기거나 늦추는 메커니즘은 간단하다. 생체시계가 정확히 가기 위해 외부의 시간 신호자가 필요하다는 사실은 이미 자세히 설명했다. 가장 중요한 시간 신호자는 밝은 햇빛이다. 최근에 발견된 안구 망막의 멜라놉신 세포들이 빛의 밝기를 기록하는 것이다. 멜라놉신 세포들이 보내는 신호는 곧바로 리듬을 가지고 활동하는 중뇌 속의 신경세포 다발에 전달된다. 밝은 빛은 체내 시간을 반영하는 유전자 활성화 패턴에 따라 그곳에서 생물학적인 리듬을 가속 혹은 감속시키거나 기존의 리듬을 강화시킨다.

시간 신호자로서의 역할이 빛보다는 약하지만, 어떤 시간에 밥을 먹고 운동하는지도 생체시계에 영향을 준다. 이런 활동이 피드백을 통해 중추시계 세포에 영향을 미치기 때문이다. 어둠도 생체리듬에 영향을 미친다. 어두워지면 분비되는 호르몬 멜라토닌이 또 하나의 강력한 시간 신호자 역할을 하기 때문이다.

이제 당신이 새벽근무를 하거나 독일에서 한국 여행을 앞두고 있

안녕히 주무셨어요?

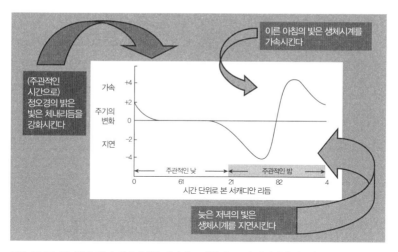

시간 신호자, 빛 밝은 빛이 생체시계를 어떻게 조절할까. 소위 서캐디안 리듬(24시간 주기 리듬)에 따른 시간은 개인적으로 하루를 시작하는 시점에 0시가 된다(자명종 없이 일어나는 시간). 주관적인 한밤중, 즉 휴일의 수면 중간점에 해당하는 시간에 밝은 빛이 비치면 생체시계가 가장 느려진다. 이 시간 이전에는 밝은 빛이 생체시계를 늦추는 역할을 하고, 이 시간 이후에는 가속시키는 역할을 한다. 생체시계상으로 주관적인 한낮의 시간에는 밝은 빛이 생체시계를 변화시키는 대신, 그 리듬을 강화시키는 역할을 한다.

어서 가능하면 체내의 시간을 아침형 쪽으로 앞당기고 싶다면, 모든 시간 신호를 생체시계가 "아 지금 너무 느리게 가고 있어"라고 "생각" 하여 조금 더 분발할 수 있게끔 의도적으로 투입해야 한다.

　그러니까 매일 아침 일찍, 혹은 깜깜한 새벽에 일어나 빛샤워를 해 주어야 한다. 이때야말로 자명종이 도움이 될 수 있다. 아침식사 전에 선글라스를 쓰지 않은 상태로 밖에 나가 햇빛을 쐬어주는 것도 좋다. 겨울이라서 아침에도 어두컴컴하다면 빛치료용 램프나 햇빛을 모방한 밝은 전등을 활용해야 한다. 반면 오후부터 이른 저녁까지는 밝은 빛을 피해야 한다. 불가피한 경우 선글라스를 쓰고 인공조명을 가능한 한 흐릿하게 해놓으라. 텔레비전과 컴퓨터 모니터도 마찬가지다.

식사와 운동은 보조적인 효과를 낸다. 아침식사를 가능하면 평소보다 이른 시간에, 풍성하게 먹으라. 피트니스 프로그램은 가급적 오전에 실시하고, 점심식사와 저녁식사도 평소보다 2시간 앞당기고, 저녁에는 가급적 신경을 끄고 쉬라(이에 대해서는 마지막 장에서 더 자세히 살펴보려고 한다). 그러면 평소보다 더 이른 시간에 졸음이 올 것이다. 이상적인 경우 평소보다 2시간 더 일찍 잠자리에 들고 다음날 아침 그만큼 더 일찍 가뿐하게 일어날 수 있다.

잠자리에 들기 전에 멜라토닌 제제를 조금 복용하는 것도 생체리듬 변화를 촉진하는 방법이다. 그러나 독일을 비롯한 많은 나라에서는 멜라토닌 제제를 구입하려면 처방전이 필요하다. 바람직한 일이다. 멜라토닌 제제를 장기복용했을 때 어떤 부작용이 있을지 아직 규명되지 않았기 때문이다. 멜라토닌 제제와 관련하여 가장 위험한 것은 잘못된 시간에 복용할 경우, 원하던 방향으로 생체리듬을 변화시키기는커녕 오히려 교란시킬 수 있다는 점이다.

한동안 이런 사항에 유의하며 살아가다보면 좀더 이른 시간에 졸음이 오고, 아침에도 좀더 일찍 깬다. 그리고 나서 한국으로 여행을 하면, 당신의 생체시계는 이미 그곳의 밤낮 리듬에 더 잘 맞게 된다. 그러나 이런 상태로 여행을 하지 않고 계속 독일에 머무른다면, 그

안녕히 주무셨어요?

모든 것은 빠르게 한계에 부딪힌다. 시간생물학적으로 가장 강력한 영향을 미치는 햇빛의 타이밍이 같이 가지 않기 때문이다.

이런 방법을 적용하려면 노력이 필요하고 효과도 제한적이지만, 그래도 가벼운 종달새 유형이 심한 종달새로 변신할 수 있다. 그러면 시간생물학적으로 건강상의 무리 없이 아침 6시에서 오후 2시에 해당하는 오전 교대근무가 가능하다. 오전 교대근무 동안 광치료용 램프를 충분히 쐬어주고, 오후나 저녁에는 밝은 빛을 피하는 등 노력을 한다면, 심한 종달새의 리듬을 꽤 오랜 기간 유지할 수도 있다.

그러나 이런 사람들이 생체리듬을 앞당기는 프로그램으로 밤 10시에서 새벽 6시까지의 교대근무에 적합하도록 맞추기는 힘들다. 반대로 생체시계를 확연히 늦추는 방법, 즉 점점 올빼미처럼 되어가는 방법으로 밤교대 리듬에 접근하는 것 역시 타고난 종달새들의 경우 불가능에 가깝다. 타고난 리듬과 원하는 새로운 리듬 사이의 간극이 너무 크기 때문이다.

그러므로 종달새들이 생체시계를 늦추고자 갖은 노력을 다할지라도, 오전에는 어두컴컴하게 해놓고 일러도 정오경에야 제대로 된 첫 식사를 하고 저녁과 밤시간에 밝은 빛을 많이 받거나 광치료 램프를 쐬고 운동을 많이 할지라도, 그들은 기껏해야 평균적 유형이거나 약간의 올빼미로 변신할 수 있을 따름이다. 그 정도라면 오후 2시부터 밤 10시대에 교대근무를 하기에는 무리가 없을 것이다. 하지만 밤 10

시에서 새벽 6시대의 근무는 적합하지 않다.

한편 대다수의 사람처럼 평균적인 시간 유형에 속하거나 약간 야행성인 사람들은 오후 2시에서 밤 10시대의 근무는 체질상 별로 무리가 없다. 나아가 그런 사람들은 체내 시간을 대폭 늦추는 방식으로 능률 저하나 건강상 큰 무리 없이 밤 10시에서 새벽 6시까지의 야간 근무를 할 수도 있다.

이런 사람들이 서쪽으로 여행하면 시차증에 적응하기도 아주 쉽다.

생체리듬을 앞당기거나 늦추는 것과 타고난 시간 유형이 삶에 어떤 영향을 미치는지에 대한 인식들은 매력적인 동시에 명백하다. 이러한 인식들이 현대의 교대근무와 여행 계획에서 전혀 고려되지 않고 있다는 점이야말로 놀라운 일이 아닐 수 없다. 경영자들은 아무 생각 없이 지구를 빙 돌아 날아다니고, 많은 직원들은 24시간 빵빵 돌아가는 교대근무에 무기력하게 노출되어 있다.

변화가 절실하다.

제트래그(시차증)에 대한 선전포고

2000년 도쿄의 시간생물학자 하지메 타이와 미국 샬러츠빌의 시간생물학자 마이클 메나커는 동료들에게 웃음과 찌푸림을 동시에 안겨주었다. 이 두 사람은 각자 연구팀을 꾸려 유전자 기술을 활용해 변화시킨 쥐를 관찰하였다.

발광물질의 도움으로 생체시계 리듬을 확실히 보여줄 수 있도록 조작한 쥐들이었는데, 특정 체내 시간을 가리키는 유전자가 활성화될 때마다 이식한 반딧불이 유전자도 활성화되어 발광물질 설계도를 작동시킴으로써 빛을 내도록 되어 있었다. 연구자들은 이 동물들을 평소 시간과 6시간 어긋나는 일과 리듬에 노출시켜 뚜렷한 시차증을 유발한 뒤, 각 기관의 생체시계가 어떻게 반응하는지 관찰하였다. 세포들이 언제 빛을 발하는지만 살펴보면 알 수 있게끔 만든 것이다.

실험결과, 우리가 왜 그렇게 시차증에 무기력한지가 여실히 드러났다. 쥐들 두뇌 속의 중추시계는 6일 정도 지나자 차츰차츰 새로운 시간에 적응을 하는 것으로 나타났지만 폐나 근육의 시계들은 훨씬 힘겨워했고, 이 과정에서 공통의 박자를 잃어버렸다. 무엇보다 간의 시간감각은 엉망이 되어, 다른 장기들보다 적응하는 데 훨씬 더 오랜 시간이 소요되었다.

그 이래 시간생물학자들은 "유럽에서 뉴욕으로 여행을 하면 두뇌는 5일 후에 도착을 하고 간은 2주 후에나 도착을 한다"고 우스갯소리를 한다. 이런 말은 우습게 들리지만, 진지한 인식이 담겨 있다. 메나커와 타이 역시 자신들이 쥐에게서 관찰한 현상이 건강에 그리 좋을 리 없다는 결론을 내리고 있기 때문이다. 시차증에 자주 노출되거나 교대근무가 잦을수록 병에 걸리기 쉽다는 게 그들의 결론이다.

항공사 직원들처럼 직업적으로 비행을 많이 하는 사람들에게서는 학습능력과 기억력 감퇴가 나타나며, 스트레스 호르몬 수치도 높다. 계속하여 시간을 거슬러 살면 신경세포가 많이 죽어서 두뇌가 쪼그라든다는 연구결과도 있다.

미국의 연구자 지그리트 비시와 동료들은 2014년 봄 쥐 실험에서 이런 사실을 입증해냈다. 인간으로 따지면 항공사 직원이나 교대근무자와 같은 생활리듬에 쥐들을 며칠간 노출시켰다. 그랬더니 두뇌 속 주요 소체인 청반Locus ceruleus에서 신경의 4분의 1이 파괴된 것으로 나타났다. 청반은 우리의 주의력과 내적인 흥분상태를 조절하는 기관으로, 필요한 순간에 우리를 깨어있게 하는 각성계(각성 시스템)의 시작 부분에 위치한다.

이런 연구결과는 종종 비정상적인 시간에 일해야 하거나 수면장애가 있는 사람들에게는 좋은 소식이 아니다. 파일럿이나 교대근무자들이 장기적으로 볼 때 불면증에 걸릴 위험이 높은 이유도 이런 이유와 무관하지 않다. 하지만 이 결과가 더 안 좋은 것은 비시도 강조하거니와 만성 수면부족이 두뇌에 돌이킬 수 없는 손상을 야기한다는 최초의 암시라는 사실이다. 게다가 주의력을 조절하는 청반 외에 두뇌의 다른 부분에도 손상이 갈 가능성을 배제할 수 없다.

어쨌든 이를 막기 위한 단순한 조처는 다음과 같다. 시간대를 거슬러 자주 비행하는 항공업계 종사자의 경우 두뇌 질량이 감소한다고 진단했던 연구에서 언급했듯이, 파일럿이나 승무원들이 7개 이상의 시간대를 거슬러 여행을 하고 돌아온 뒤 2주간 시차증 없이 푹 쉬면서 재충전을 할 경우 부정적인 효과가 상쇄되는 것으로 나타났다. 부정적인 효과는 여러 시간대를 거스른 비행 후 5일 혹은 그보다 적게 쉰 경우에서 주로 나타난다. 그리고 최근의 동물실험에서 입증한 바에 따르면, 쥐들의 신경세포가 단기간의 수면부족이 부정적인 결과를 초래하지 않도록 방어하는 분자적 보호 메커니즘을 만들고 있었다. 단 이 메커니즘은 수면부족이 만성이 될 때는 작동하지 않았다.

따라서 직업상 비행이 잦은 사람들, 교대근무자들, 그들의 상사들은 잦은 시차증과 야간근무가 신체와 정신에 상당한 부담이 된다는 사실을 분명히 인식해야 한다. 생물학적 시계에 필요한 휴식을 취해주고 모자란 잠을 보충해주는 조치가 없다면, 시차증과 야간근무는 장기적으로 회복할 수 없는 손상을 야기할 수 있다.

그러므로 직업상 여행을 많이 하는 사람이나 교대근무, 야간근무자들을 위한 가장 중요한 예방조치는 바로 생체시계가 다시금 주변의 자연적인 리듬에 맞추고 회복할 수 있는 기회를 부여하는 것이다. 간에 있는 체내시계에게도 말이다.

앞으로 각 항공사 파일럿 노조는 정년과 연금 수령 요구를 관철시키기 위해 동맹파업을 하는 대신, 근무하는 동안 더 많이 쉴 수 있는 조건을 관철시키기 위해 투쟁해야 할 것이다. 그러면 지금보다 훨씬 더 많은 조종사들이 계속 시차가 바뀌는 가운데에서도 평균적인 연금 수령 나이까지 건강하게 근무할 수 있을 테니까.

시차증을 막을 전략은 많다. 여행 기간이 짧다면 차라리 새로운 시간대에 적응하려는 노력을 기울이지 않는 편이 낫다. 이 경우 중요한 약속이 원래 고향에서의 한밤중에 해당하는 시간에 잡히지 않도록 신경을 써야 한다. 서쪽으로 여행을 하는 사람은 오전에 약속을 잡는 것이 좋고, 동쪽으로 여행하는 경우 거리에 따라 오후나 저녁에 약속을 잡는 것이 좋다.

2010년 10월 독일 국가대표 축구팀이 3,800킬로미터 떨어진, 표준 시간대로 4개 앞선 아스타나(카자흐스탄의 수도)에서 카자흐스탄과 경기를 해야 했을 때, 관계자들은 현지 시간으로 밤 11시에 경기를 시작하기로 합의를 보았다. 독일 시간으로는 저녁 7시에 해당하는 시간으로, 독일 시청자들이 경기를 보기에도 좋을 뿐 아니라 국가대표 선수들의 체내 시간에도 안성맞춤인 시간이었다.

전날의 마지막 훈련도 밤 11시부터 시작했으며, 선수들은 새벽 3시에야 잠자리에 들어 오후 1시까지 잤다. 호텔방은 암막 커튼으로 햇빛을 완전히 차단했다. 이렇게 고향의 시간 리듬을 카자흐스탄에 가서도 유지하는 전략은 성공적이었던 게 틀림없다. 시합에서 독일이 3:0으로 이겼으니 말이다. 2013년 3월에도 국가대표팀은 똑같은 전략으로 나가 3:0으로 승리하였다.

장기간 여행하는 사람은 여행 전부터 체내 시간을 앞당기거나(동쪽으로 여행하는 경우), 뒤로 늦추는 (서쪽으로 여행하는 경우) 것이 좋다.

안녕히 주무셨어요?

여행객들이 비행기에서부터 개별적으로 필요한 빛샤워를 할 수 있도록 밝은 빛을 공급해주는, 차양 달린 모자도 출시되어 있다. 보잉과 에어버스 사는 최신 모델에 일출과 일몰 및 한낮의 햇빛을 모방한 천정조명을 제공한다. 델타 항공은 2013년 이래 승객들을 위한 "빛샤워"를 실험하고 있다.

여행을 하며 빛샤워를 할 때는 자신이 올빼미에 가까운지 종달새에 가까운지, 생체시계를 사전에 어느 시간대에 맞추었는지 고려해야 한다. 자칫 빛샤워가 생체리듬을 반대 방향으로 돌릴 수 있다.

장기간 여행하는 지역에 도착한 뒤 가장 중요한 규칙은 가능한 한 오랜 시간 햇빛을 많이 쬐어주고, 많이 움직이고, 아침식사도 현지 시간에 맞춰 제대로 해서, 생체시계로 하여금 뚜렷한 시간 신호를 받고, 되도록 빠르게 새로운 시간대에 적응하도록 하는 것이다. 단 멀리 동쪽에 있는 나라로 여행을 한다면 일단 아침에 어두컴컴한 호텔 방에 머물러주거나 선글라스를 착용하는 것이 좋을 것이다.

가령 (자명종에 의지하여 일어나지 않아도 되는) 휴일의 수면 중간점이 새벽 4시경인 사람이 8개의 시간대를 거슬러 동쪽으로 여행을 했다면 새로운 시간대에서의 첫날에는 12시 이전에(4 더하기 8) 밝은 빛을 쬐어주는 것은 피해야 한다. 시간생물학적인 여행 준비를 미처 하지 못한 상태라면 말이다. 그리고 12시부터는 빛을 충분히 쬐어주라. 이튿날부터는 그 모든 것을 2시간 앞당겨, 10까지만 빛을 피하는 방식으로 새로운 시간대에 적응해나가면 된다.

네덜란드의 시간생물학자 유스 반 소메렌은 주간지 〈디 차이트〉와의 인터뷰에서 투숙객들이 시차증을 줄일 수 있도록 세미나를 제공하는 암스테르담의 오쿠라 호텔을 언급하였다. 그 호텔에서는 투숙객들이 적절한 시간에 독서나 일을 할 수 있도록 빛치료 램프를 대여해주기도 한다. 투숙객들은 빛치료 램프를 피트니스 공간에도 가지고 갈 수 있다. 호텔 측은 그밖에도 "시차증 극복을 위한 특별한 식사"를 마련하여, "빵에 훈제연어, 닭고기, 치즈를 듬뿍 곁들인" 아침식사를 제공한다. 그것은 "평소보다 단백질이 훨씬 풍부한 식사로 시차증을 겪는 투숙객들에게 적당하다." 대신 점심은 "가벼운 파스타"가 제공된다.

그건 그렇고 암스테르담 호텔의 시차증 세미나에서 가장 중요한 것도 가르쳐줄까? 가장 중요한 약은 휴식이라는 사실 말이다.

내가 고용주로서 직원들을 일본이나 브라질로 출장보내는 입장이라면, 나는 직원들이 중요한 약속보다 2~3일 전에 출장지에 도착하도록 할 것이다. 업무가 많다면 그곳에 가서 진행하도록 하면 된다. 아니면 회사 경비로 약간의 휴가를 누리도록 할 수도 있고. 그러면 반대급부로 직원들이 아주 의욕 넘치고 건강한 상태에서 탁월한 협상 결과를 얻을 수 있을 것이다.

이렇게 해야만 직원들이 100퍼센트 컨디션을 회복해 중요한 일에 자기 능력의 최대치를 발휘할 수 있다. 반면 사안이 그리 중하지 않을 경우, 화상회의 등으로 해외출장을 대체하면 된다.

교대근무가 건강에 미치는 악영향

이 책에서 벌써 최소 다섯 번은 언급했으므로, 독자들은 이제 서서히 신경이 거슬릴지도 모르겠다. 하지만 만성 수면부족과 야간근무 혹은 교대근무는 우리 시대 건강을 해치는 가장 큰 적에 속한다. 정기적으로 야간근무나 교대근무를 할 경우, 수명이 단축될 우려가 있다. 당뇨나 비만 같은 신진대사 질병, 심혈관계 질병, 수면장애, 소화장애, 그리고 각종 심리질환과 암 발병률이 높아지기 때문이다.

심리질환 외에 오랜 세월 교대근무를 한 사람들에게 눈에 띄게 빈발하는 과민성 증가 및 순발력과 학습력, 집중력 저하 같은 현상은 최근 쥐 실험에서 확인하였듯 신경세포 파괴로 인한 것으로 보인다. 야간근무자들이 밤에 근무를 해야 하는 시간에는 계속 깜박깜박 잠이 들고, 낮 동안에는 잠을 이룰 수 없는 현상과 관련해서는 "교대근무 수면장애shift-work sleep disorder"라는 고유한 병명이 탄생하였다.

야간근무와 교대근무로 인한 만성 수면부족만으로도 이미 질병 위험이 뚜렷이 증가한다. 게다가 의학적으로 볼 때는 그와 별개로 체내 리듬의 비동기화, 즉 시간생물학적 시스템 장애가 장기적으로 이런 부정적인 통계에 기여한다.

〈슈피겔〉지는 1978년에 이미 교대근무가 "건강을 해친다"고 보도했다. 그 점에 관해서는 오늘날까지 다른 견해가 없다. 시간생물학자 디터 쿤츠는 "교대근무가 거의 모든 질병 위험을 높인다"고 말한다. 많은 교대근무자들, 특히 석유 시추 플랫폼에서 하루 2교대로 근무를 해온 노동자들을 살펴온 영국의 생물학자 조세핀 아렌트는 "교대근무는 킬러"라고 잘라 말한다.

미국 하버드 대학교의 수면과학자 프랑크 쉬어는 좀더 누그러진 어조이지만 결국 같은 말을 한다. "교대근무가 일련의 심각한 건강 문제들에 영향을 미친다는 강력한 증거가 있다"는 것이다. 그의 동료 찰스 차이슬러는 〈네이처〉에 기고한 글에서 야간 교대근무가 암을 유발할 수 있음을 WHO가 경고한 게 공연한 일이 아님을 상기시켰다.

교대근무로 돌아가는 많은 회사의 상황을 보아도 우려스러운 것은 마찬가지다. 2014년에 열렸던 한 생체시계 워크숍에서 기업에 소속된 여의사 한 명은 거의 체념한 듯 이렇게 말했다. "우리의 기업은 잘못하고 있어요. 교대근무자들이 쉬는 시간을 포기하고 아파서 출근을 못한 동료 대신 근무를 할 경우 보너스 수당을 지불하니까요. 사실은 잠을 푹 잔 직원에게 보상을 해주어야 할 텐데요."

그녀는 기본적인 문제를 인식하고 있다. 회사의 의사결정권자에게 혜안이 있다면 교대근무자들의 귀중한 휴식 시간을 단축하는 대신 생체리듬에 맞지 않는 근무로 인해 만성 스트레스에 노출된 교대근무자들이 몸을 회복하는 데 더 많은 시간을 쓸 수 있도록 배려해야 한다. 그런 배려를 통해 직원들의 컨디션이 좋아지면 회사는 새로운 직원을 추가 고용할 필요도 없고, 장기적으로 병가를 내는 직원 수도 눈에 띄게 줄어들 것이다.

이 워크숍에서 한 노조 대표는 "교대근무를 금전적으로 매력있는 일자리로 만들어서는 안 된다. 병이 생기는 일에 돈으로 보상을 하는 것은 불합리하다"고 목소리를 높였다. 나 역시 이런 발언에 전적으로 동의한다. 물론 그러면 더 이상 석유 시추 플랫폼이나 잠수함 같은 곳에서 힘든 교대근무를 하려는 사람은 없을 테지만.

많은 국가의 노동법은 야간근무에 대해 휴가나 추가 임금으로 보상해야 한다고 명시한다. 휴가를 더 주는 것은 시간생물학적으로 중요한 일이다. 그것은 매력적인 보상일 뿐 아니라 건강을 지켜준다. 반면 추가로 금전적인 보상을 해주는 것은 비생산적이다. 그러면 점점 많은 사람들이 교대근무에 응하게 되고, 질병의 위험도 기하급수적으로 증가하기 때문이다.

이런 사실 앞에서 가슴이 답답해지는 것은 일상적으로 교대근무를 해야 하는 직업군이 간호사나 경찰 등 비교적 임금이 낮은 직업군이라는 상황 때문이다. 조건상 이미 교대근무 수당을 포기하기 힘든 부드러운 압박이 형성되는 셈이다.

금전적인 보너스를 통해 사람들을 교대근무로 유인하는 것, 또는 이런 사람들에게 낮은 급여를 책정해 추가 수당 없이 받는 임금이 너무 적게 만드는 것은 가난한 사람들을 착취하고 종종 열악한 조건에서 그들을 24시간 내내 혹사시켰던 초기 산업시대의 방법이다. 추가 수당 대신 차라리 휴가를 늘리는 방법으로 보상을 해준다면, 피고용자들은 자신의 타고난 생체리듬에 맞춰 업무시간대를 선택하게 될 것이다.

입법자들이 교대근무 수당을 곧바로 폐지하지는 않겠지만, 어쨌든 그들 역시 야간근무의 기본적인 위험성에 대해서는 인지하고 있다. 그러나 이런 인식은 지금까지 구체적인 결과로 이어지지 않고 있다.

따라서 근로기준법을 시급하게 수정하고 철저하게 적용하며 법 준수 여부를 더 세심하게 감시해야 한다. 여기에 학문은 노동현장에서 의미있게 적용할 수 있는 지혜들을 제공해준다. 시간생물학 덕분에 오늘날 우리는 개인적으로 언제 일하는 게 좋은지, 능률이 높아지는 타이밍을 어떻게 의도적으로 조절할 수 있는지를 잘 알게 되었다.

새로운 교대근무 모델이 어떤 영향을 미치는지에 관해 통계적으로 확실하고, 비용이 많이 드는 대규모 연구만이 아직 결여되어 있을 따름이다. 그리하여 시간생물학자들이 우리에게 미래의 이상적인 교대근무 패턴을 확실히 제시해주기까지는 아직 몇 년 더 걸릴 것이다. 그때까지는 어떻게 하면 건강에 해를 덜 끼치게끔 야간근무를 할 수 있을지 시험해보아야 한다.

현재 학자들은 그 문제에 골몰하고 있으며, 첫 파일럿 연구가 마무리된 상태다. 그러나 그 연구에서는 지금까지의 교대근무 제도를 비교했을 뿐, 대안적인 모델을 실험하지는 않았다. 티센크루프, 폴크스

안녕히 주무셨어요?

바겐 또는 다임러벤츠 같은 대기업이 연구자들과 협력하고 있으니, 바라건대 아주 새로운 대안도 곧 실험해보았으면 좋겠다.

물론 교대근무가 어떤 형태인지를 먼저 구분해야 한다. 하루 2교대로 돌아가는 공장의 경우, 직원들이 가령 새벽 6시에서 오후 2시까지, 그리고 오후 2시에서 밤 10시까지 근무를 한다. 지난 장에서 나는 생체리듬상 이런 업무시간에 탁월하게 적응하는 사람들이 있다는 걸 자세히 설명하였다. 직원들로 하여금 적절한 시간대에 일하게 하거나 업무시간을 생체리듬에 따라 자유롭게 선택하게 하면, 질병의 위험은 감소할 것이다.

엄밀히 말해 이런 형태의 근무는 교대근무라 칭할 필요도 없다.

가령 컨베이어벨트에서 늘 동일한 정도로 작업이 이루어져야 해서 탄력근무제를 실시하는 것이 불가능하다면 직원들로 하여금 서로 다른 근무시간대를 오가며 근무하게 하지 말고, 자신의 시간 유형을 기준으로 더 잘 맞는 시간대에 고정적으로(붙박이로) 장기근무를 하게 하는 것이 좋다. 종달새나 종달새와 가까운 사람들은 이른 시간에 근무를 하고, 올빼미나 올빼미와 가까운 사람들은 늦은 시간대에 근무를 하는 식으로 말이다.

24시간 내내 업무가 돌아가야 하는 경우는 더 복잡하다. 몇 년 전부터 유럽연합의 후원을 받아 건강에 무리가 덜 가는 새로운 콘셉트의 교대근무에 대해 연구하고 있는 시간생물학자 틸 뢰네베르크는 이런 경우에 유용한 조언을 한다. "아침에 늦게까지 잘 수 없는 아침형 인간들이 새벽근무를, 저녁형 인간들이 야간근무를 맡으면 된다."
그 중간 시간대의 오후 근무는 "어차피 아무에게도" 부담이 되지 않
는다는 것이다.

이론상으로는 그의 말에 일리가 있다. 뢰네베르크가 다른 학자들
과 함께 보여주었듯이 대다수 사람들에겐 지금의 업무시간이 너무
이른데다, 낮에 햇빛까지 제대로 받지 못하다 보니 비로소 저녁쯤 되
어야 능률의 정점을 찍게 된다. 통계에 따르면 일반 시민의 무려 93
퍼센트가 지금의 평균인 오전 9시~오후 6시 근무를 힘들어한다. 그
들의 생체시계에는 오히려 오후 근무가 훨씬 더 잘 맞는다.

물론 업무시간대가 늦어지면 보통 저녁시간에 이루어지던 여가활
동 계획에 차질이 빚어진다. 그리하여 나는 다시금 3장에서의 요구를
상기시키고 싶다. 오전을 이용해 더 많은 여가활동을 하고, 취미활동
시간을 하루 전체에 골고루 배분하면 좋다는 것 말이다.

이론적으로 볼 때 가장 좋은 것은 야간근무 부담을 저녁형과 아침
형 인간들이 서로 나누어 지는 것이다. 즉 아침 업무시간대를 지금의
6시에서 새벽 4시로 앞당기고, 야간근무를 지금의 밤 10시에서 저녁
8시로 당기면 가능하다. 그러면 종달새들은 그들의 체내 시간보다는
약간 더 일찍 일어나고 올빼미들은 약간 더 늦게 잠자리에 들게 되지
만, 전체적으로 부담이 그리 크지 않으며 많은 사람들이 나누어 부담
하는 효과도 높다.

그러나 그렇게 되면 근거리 대중교통 종사자들에게는 문제가 생길 것이다. 더 많은 사람들이 새벽 4시까지 출근을 해야 하니 말이다.

이렇게 세부적으로 생각하다보면, 앞으로 교대근무제와 관련해 정책결정자들이 고려해야 할 사항이 정말로 많다. 두 가지 중요한 대원칙은 첫째, 가능하면 많은 사람들이 시간 유형에 맞게 일하고 둘째, 사회 전체적으로 야간근무의 비중을 가능한 최저 수준으로 줄여나가는 것이다.

이 두 가지를 동시에 해결하는 건 현실적으로 어렵다. 따라서 지혜롭고 실용적인 타협안을 찾아내는 것이야말로 무엇보다 중요하다.

그대의 밤, 나의 밤

영국의 시간생물학자 조세핀 아렌트와 산타 라자라트남은 십수 년
전 선도적인 의학잡지 〈랜셋〉에 게재해 많은 주목을 받은 논문에서
"현재 생체시계 주기를 고려하지 않는 노동이 국민 건강을 해침으로
써 발생하는 손실은 가히 환산할 수조차 없을 정도다."라고 썼다. 이
런 말은 당시에는 약간 선동적으로 들렸을지 모르지만 오늘날에는
모든 시간생물학자와 많은 경제학자들이 누누이 강조하는 내용이다.

영국 시간생물학자들은 손실을 유발하는 게 건강상 리스크만이 아
님을 지적한다. 과로와 피로로 인한 사고만도 800억 달러의 손실을
유발한다는 것이다. 졸음운전은 교통사고 원인 1위로 지목된다. 부적
절한 시간에 일함으로써 발생하는 생산성과 능률 저하도 크다.

2013년 3월 〈뉴욕타임스〉는 같은 이유에서 만성적으로 수면이 부
족한 노동자들이 충분한 수면을 취한 노동자들보다 생산성이 떨어지
는 바람에 미국 내에서만 연간 632억 달러의 경제적 손실이 발생한다
고 보도했다.

시간생물학자 아렌트와 라자라트남은 그 외에도 다른 사람들이 쉴
때 일하는 이들이 겪어야 하는 사회적인 문제와 갈등을 지적한다.

체르노빌과 쓰리마일 아일랜드, 보팔의 참사 역시 생체리듬을 거슬러 일하다가 저지른 사소한 실수가 커다란 사고로 이어진 대표 사례라 해도 과언이 아니다. 이 모든 사고는 한밤중에 일어났다. 당직 근무자는 숙련된 사람들이었고, 그 전에 충분한 수면을 취한 상태였다. 그럼에도 야간 모드로 일하는 두뇌는 집중력과 결정능력이 저하되어 중요한 순간에 올바른 결정을 내리지 못했다.

따라서 정도를 벗어난 야간근무와 교대근무에 대처하기 위한 다음 요구 중 최소 몇 가지라도 유념하고 실천함으로써, 24시간 돌아가는 사회가 빚어내는 부작용을 줄이는 데 기여할 수 있기를 바란다.

- 밤 10시에서 새벽 6시까지 일하는 것은 되도록 삼가야 한다. 응급의사라든가 간호인력, 소방서, 경찰, 주요시설의 당직 등 소수의 중요한 직업군에서만 야간근무를 허용해야 한다.

- 정기적으로 교대근무와 야간근무를 해야만 하는 직업군의 저임금을 개선해주어야 한다. 단, 교대근무에 수당을 얹어주어 금전적인 매력으로 인해 교대근무를 포기할 수 없도록 하는 제도는 폐지되어야 하며, 수당 대신 휴가로 보상해주는 것이 좋다.

- 극장이나 콘서트홀, 경기장, 우편, 근거리 대중교통, 신문배달 등 예외적

인 경우는 업무시간에 변형을 주는 방법을 생각해볼 수 있다. 가령 밤 8시에서 새벽 4시까지 근무 혹은 새벽 1시에서 아침 9시까지 근무 이 방식으로. 그 경우 자신의 시간 유형과 맞지 않는 시간대에 근무하지 않도록 시간생물학적 직업 상담을 제공하는 것이 바람직하다.

- 단순히 편의를 도모하기 위한 야간근무는 폐지해야 한다. 상점은 밤 늦게까지 물건을 팔 필요가 없고, 콜센터도 야간 서비스를 제공할 필요가 없다(지구 반대편의 콜센터가 야간업무를 담당하면 되지 않겠는가).

- 24시간 교대근무(1일 1교대)는 시간생물학적으로 볼 때 말도 안 된다. 교대근무라도 하루 3교대 정도로 투입되어야 하며, 자신의 시간 유형에 맞는 시간에 근무해야 한다. 현재 널리 퍼져 있는 3교대 근무의 경우 저녁형이나 저녁형에 가까운 사람들은 오후나 야간근무 중에서만 왔다갔다 하고, 아침형이나 아침형에 가까운 사람들은 오전이나 오후 사이에서만 교대할 수 있도록 하면 좋다.

- 시간생물학적으로 보면 기존의 3교대 근무에 변화를 주어 오전 근무를 새벽 4시에서 정오, 오후 근무를 정오에서 밤 8시, 야간근무를 약 밤 10시에서 새벽 4시로 하는 것이 더 낫다. 그러면 아침형 인간들은 오전이나 오후 근무를 담당하고, 저녁형 인간들이 오후와 야간근무를 담당하는 데에 무리가 없다.

안녕히 주무셨어요?

- 4교대 근무도 생각할 수 있다. 한 번에 6시간씩 네 종류의 시간대를 돌리는 것이다. 근무자들은 자신의 시간 유형을 고려해 이웃한 두 개의 시간대에서 정기적으로 왔다갔다 하면(전환하면) 된다. 그 정도야 생체시계를 조금만 조절하면 무리가 없다.

- 직원들이 2교대 근무시간대를 왔다갔다 하며 근무하는 경우, 이틀 이상 일한 다음에는 충분한 휴식을 취해야 한다. 보수 삭감 없이 주중에 30시간만 근무할 수 있는 조건이 아닌 이상, 이 같은 교대근무 이후 쉬는 휴일은 근무일수로 쳐주어야 하며, 직원들 역시 쉬는 날에 다른 보수노동을 하지 않아야 의미가 있다.

- 세 개 이상의 표준시간대를 옮겨가는 해외 장기출장의 경우 거리에 따라 일정보다 1~3일 먼저 출장지에 도착하는 것이 좋다. 복귀한 후에는 1~3일간의 유급휴가가 할당되어야 한다. 짧은 출장이라면 출장지의 시간에 적응하려 하지 말고, 여행지의 일정이 되도록 참가자 고국의 낮에 해당하는 시간에 이루어지도록 조절하는 것이 좋다.

- 기업은 웬만하면 무리해서 출장을 보내기보다 전화나 화상회의로 대체해야 한다. 기술적인 노하우는 이제 문제가 되지 않는다.

- 조종사나 승무원들은 시차증 위험에 대해 더 상세한 교육을 받아야 한

다. 일곱 개 이상의 표준시간대를 옮겨가는 긴 여행을 여러 번 한 후에는 (그리하여 생체시계를 여러 번 조절해야 했던 사람은) 최소 2주 정도 쉬어야 한다. 이 기간 동안 여러 시간대를 옮겨가는 여행을 하지 말아야 하는 것은 당연하다.

• 교대근무나 여러 표준시간대를 넘나드는 여행을 앞두고 있다면, 새로운 시간대에 더 수월하게 적응할 수 있도록 빛샤워나 활동 및 식사를 시간생물학적으로 적절하게 투입하면 좋다. 정책 부처와 기업은 이와 관련한 계몽에 시간과 노력을 들여야 한다.

• 교대근무 계획은 최소 3개월 전에 공고가 나가야 직원들이 미리 미리 준비할 수 있다.

• 지금 이야기한 콘셉트를 온전히 실천에 옮기는 데는 한계가 있다. 그러나 기존의 교대근무 콘셉트를 재고하고 새로운 인식에 익숙해지는 것만으로도 가치가 있다. 이번 장에서 제시한 모델들이 교대근무자의 건강과 능력에 도움이 되는지는 앞으로 학문적으로 검증해나가야 할 문제다. 많은 기업은 (자신들의 유익을 위해서라도) 가령 시간생물학적으로 맞는 혁신적인 교대근무 시스템을 사업장에 도입하고, 학자들로 하여금 결과를 분석하도록 이런 연구를 적극적으로 뒷받침해야 한다.

6장

수업시간을 학생에게 맞추라

똘망똘망한 10대와 침대로 도망가는 노인

대학 시절 축제 때 진탕 취해 놀았던 기억이 난다. 그러나 지금은 그 때처럼 놀지 못한다. 이제는 모임이 있으면 양질의 뷔페에서 영양을 섭취하며, 몸에 좋을 뿐 아니라 소화가 잘 되는 포도주를 마신다. 소규모 악단이 연주하는 재즈음악을 곁들이면 꽤 훌륭하다.

오랜 친구의 마흔 번째 생일파티는 흠잡을 데가 없다. 다만 밤 10시가 넘어가면 이상한 일이 벌어진다. 점점 많은 사람들이 말이 없어진다. 포도주에서 물로 갈아타고, 다른 사람들이 보지 않을 때 얼른 하품을 한다. 그러다가 주인공 주변으로 포도송이처럼 사람들이 몰린다. 한 커플 한 커플씩 작별인사를 하고 돌아가는 것이다.

베이비시터에게서 갑자기 전화가 왔다거나 파티에 오기 전에 직업적으로 중요한 일을 처리했더니 이제 기진맥진한 상태라고 전한다. 또 다른 사람은 다음날 아침 일찍 아이들을 축구교실에 보내야 하기 때문에 이제 일어서겠다고 말한다. 약간 두통이 있다거나 피로가 누적되었다는 사람도 있다. "어떤 형편인지 알잖아." "그래도 모처럼 아주 즐거웠어!" "나는 가더라도 모두들 더 즐겁게 놀아라."

밤 1시, 이제 주인장과 세 명의 엉덩이 무거운 친구 그리고 여동생만 남았다. 그들은 파티가 이렇게 갑자기 끝나버린 데 대해 놀란다. 이상하네, 옛날에는 새벽 4시까지 놀곤 했는데. 멤버도 거의 바뀌지 않았는데……. 오늘 특별히 지루했던 걸까?

물론 아니다. 파티는 좋았다. 아내와 내가 피곤에 찌든 얼굴로 집에 돌아오면, 우리의 베이비시터는 쌩쌩한 얼굴로 기쁨을 표시한다. "우와, 일찍 오셨네요. 정말 다행이에요. 지금 친구들이 시내에서 놀고 있는데 얼른 가서 합류해야지." 우리 부부는 멍한 표정으로 서로를 쳐다본다. 우리도 전에는 그랬는데. 지금은?

아이들이 커서 아르바이트로 자기 용돈을 벌기 시작하면, 가족이 함께 하는 건 더 힘들어진다. 사춘기가 무르익은 아이들은 밤을 낮으로 만든다. 주말 밤. 아이들이 새벽녘이 다 되어 쌩쌩하게 집에 들어올 무렵, 부모는 벌써 몇 시간째 침대에 누워 비몽사몽이다.

다음날 아침이면 상황은 뒤바뀐다. 10대 아이들은 아침에 도무지 일어날 줄을 모른다. 전날 밤 그렇게 오래 놀았던 것은 다음날 아침

안녕히 주무셨어요?

푹 잔다는 계산이 있었기 때문이다. 아이들은 오전 11시나 12시쯤 깨워도 싫은 내색을 하기 일쑤다. 아무리 흔들어 깨워도 침대에서 몸을 일으키기까지 최소 30분은 걸린다.

그러나 탄식하지 말자. 아이들이 밤에 일찌감치 잠자리에 들지 않고, 아침에도 따박따박 일어나지 않는 것은 지극히 정상적이다. 시간생물학적 인식에 따르면 사춘기 즈음은 인생에서 가장 야행성 경향이 심한 시기다. 그러므로 청소년들이 밤에 잠을 자지 않고 쌩쌩한 것은 어른에게 반항하려는 것도 아니고, 놀고 싶어서도 아니다. 생체시계가 그 시간 각성에 맞춰져 있기 때문이다.

어린아이의 경우는 반대다. 신생아들은 4시간 리듬으로 시작한다. 그래서 밤에도 내리 자지 않고 깨어 운다. 그러다가 6개월에서 12개월 정도 되면 24시간 리듬이 우세해지고, 이 리듬이 우리의 전 인생과 동반한다. 하지만 어린아이들은 거의 종달새들이다. 일요일 아침 엄마 아빠가 모처럼 단잠을 자려는데 아침 일찍 일어나 부모를 괴롭힌다. 그러다가 사춘기에 접어들고 성년이 되기까지는 계속하여 야행성 인간으로 변신한다. 그 뒤 세월이 가면서 추세가 바뀌어 저녁에 점점 더 일찍 졸리게 되고, 아침에는 점점 더 일찍 일어난다.

인간의 시간 유형은 유전적으로 어느 정도 정해질 뿐 아니라, 나이에 따라 변화를 보인다. 시간생물학자 틸 뢰네베르크 팀은 2004년 2만 5,000명의 시간 유형 질문지를 분석한 뒤 올빼미와 종달새 경향이 연령에 따라 상이한 분포를 보인다는 점을 발견하였는데, 이것은 시간 유형의 인구분포 곡선과 거의 중첩되었다.

그러므로 우리 모두 일생을 보내면서 수면과 관련하여 체계적인 변화를 겪는 듯하다. 왜 이런 일이 일어나는지 정확한 원인은 밝혀지지 않았지만, 나이에 따른 호르몬 변화 때문이 아닌가 추정된다. 성장호르몬이나 성호르몬이 생체시계의 템포에 영향을 주는 듯하다.

다시 말하지만 (부모나 교사의 생각과는 달리) 10대 후반 청소년들이 어른에게 반항하려고 그렇게 밤늦게까지 친구들이랑 어울려 노는 것이 아니다. 아이들은 그저 졸리지 않을 뿐이다. 이런 경향은 생리적으로 중요해 보인다. 따라서 청소년들에게 일찍 일어나고 일찍 잠자리에 들라고 강요해보았자 그다지 많이 변하지 않는다. 강요에 못 이겨 일찍 일어난다 해도 낮에는 비몽사몽 졸리고 밤에는 다시금 똘망똘망해지기 때문이다.

어린 시절 다른 친구들보다 더 일찍 잠자리에 들었던 사람은 청소년이나 성인이 되어서도 그럴 것이다. 그럼에도 그 역시 10대 후반에는 인생의 그 어느 시기보다 제법 야행성 인간으로 살아간다.

물론 연령대를 막론하고 타고난 생체시계 템포로 말미암아 어떤 사람들은 약간 올빼미, 어떤 사람들은 약간 종달새 쪽의 경향을 보인다. 평균적으로는 여성이 남성보다 약간 더 종달새 경향을 보인다. 그러나 동시에 성별을 막론해 10대들의 다수가 정말로 "괴물 올빼미"

안녕히 주무셨어요?

로 변신하고, 노인의 대부분이 극도의 종달새로 변하는 경향이 있다.

많은 노인들은 새벽같이 일어나 설쳐대지만 초저녁이면 맥을 못추고 잠이 들어버린다. 그러므로 노인들이 새벽잠이 없는 것은 수면장애와 상관이 없다. 단지 나이가 들수록 생체시계 리듬이 앞으로 당겨져서 벌어지는 일이다. 저녁에 일찌감치 잠자리에 들고 낮잠도 종종 자다보니 언뜻 잠이 없는 것처럼 비추어질 뿐이다.

그리하여 어린아이를 둔 영리한 부모들은 아침잠이 없는 할머니 할아버지가 역시 아침잠이 없는 어린 손주들을 데리고 놀도록 하고, 그 기회를 틈타 비교적 젊고 야행성인 자신들은 간만에 잠을 푹 잘 요량으로 부모님 집을 방문하기도 한다.

틸 뢰네베르크를 위시한 뮌헨의 시간생물학자들은 자신들의 데이터를 통해 생물학적으로 성인기가 시작되는 시점을 측정하는 신뢰성 있는 방법을 최초로 발견하였고 청소년기의 끝을 알리는 (최초의) "생물학적 표지자"를 발견하였다고 여겼다.

즉 이유는 확실하지 않지만, 시간 유형의 생물학적 변화곡선이 야행성으로 진행하다가 꺾이는 지점은 생물학적으로 성인이 되는 시점과 정확히 맞아떨어지는 것이다. 생활방식과는 무관하게 도시에 살든 농촌에 살든, 모든 사람들이 이런 프로그램을 따른다. 대부분의 사람들이 라이프스타일을 거의 바꾸지 않는데도, 나이 들면서 점점 종달새 유형이 되어간다.

뢰네베르크는 "야행성으로 치닫던 경향이 꺾이는 시점은 여성의 경우 19.5세, 남성은 20.9세"라며 다른 모든 성숙과정처럼 성인으로 접어드는 시기도 여성이 남성보다 빠르다고 지적한다.

그러므로 청소년 자녀를 둔 부모는 주말에 아이들이 푹 잘 수 있도록 배려해주어야 한다. 아이들에겐 잠이 필요하다. 오늘날 젊은이들의 하루 일과는 그들의 생체시계와 맞지 않게 진행되어서, 많은 청소년들이 적잖은 사회적 시차증에 시달리고 있다. 청소년들의 생체리듬을 변화시키는 것은 거의 불가능하므로, 대신 우리가 그들의 일상을 바꿔주어야 한다.

청소년은 우리의 미래라고 말한다. 말은 멋지다! 그러나 시간생물학적으로 볼 때 우리는 그들에게 부당한 대우를 하고 있다. 현재의 학교 등교시간은 학생들의 생체리듬보다는 정년을 코앞에 둔 교사나 정책담당자들의 생체시계에 부합한다. 나이든 교사나 정책담당자들은 연령적 특성상 아침에 일찌감치 저절로 눈이 떠지며 학생들이 자기들처럼 하지 못하는 상황을 종종 이해하지 못한다.

그리하여 이번 장에서는 학교교육 담당자들에게 다음과 같은 메시지를 전달하고자 한다. "당신이 아침에 그렇게 활기차고 저녁에 일찌감치 잠자리에 드는 것은 당신의 공적이 아니다. 일찍 일어나는 것은 무슨 훈련이나 의지로 되는 게 아니다. 그것은 오로지 '일찍 태어난 것에 대한 시간생물학적 은혜'이다."

안녕히 주무셨어요?

한밤중에 대학입학 시험을 본다고?

2006년, 루드비히스부르크 교육대학의 젊은 연구자 크리스토프 란틀러의 연구가 독일 전역에 큰 반향을 일으켰다. 란틀러가 발표한 소논문 제목은 〈시간 유형(아침형-저녁형)과 대학 입학자격시험 간의 상관관계〉라는 것이었다. 〈슈피겔〉 온라인과 〈벨트암 존탁〉 지를 비롯한 많은 잡지들이 이 논문 내용을 자세히 실었다.

현재 하이델베르크 대학교 교수로 재직하고 있는 란틀러는 대체 어떤 센세이션한 사실을 발견했을까? 복잡한 것은 아니었다. 그는 대학생 132명을 대상으로 시간 유형을 분석하고, 그것을 그들의 예전 성적과 연관지어보았다. 그랬더니 놀라운 결과가 도출되었다. 학생들이 야행성일수록 대학입학자격시험 성적이 낮았던 것이다. 그러나 평균적인 올빼미가 평균적인 종달새보다 학습능력이 뒤지지 않는다는 것이 확실했기에, 란틀러는 "아침 일찍 시작하는 우리의 학교 시스템에서 저녁형 학생들은 대단한 손해를 보고 있다"고 결론내렸다.

대학입학자격시험을 보는 학생들은 보통 18~20세이고, 생체리듬상으로 올빼미인 경우가 많다. 게다가 필요로 하는 수면양이 성인보다 약간 많기에, 그들 대부분은 생물학적으로 볼 때 밤 1시에서 오전 10시까지 잠을 자는 것이 맞다. 특히나 늦은 유형은 일러도 새벽 2시에서 오전 11시까지 자주는 게 이상적이다. 가장 이른 아침형이라고 해봤자 밤 11시에서 아침 8시 정도가 적절한 취침시간이다.

그러므로 대학입학자격시험이 아침 8시에 시작되는 걸 고려하면, 아주 많은 학생들이 생체시계상으로 한밤중에 시험을 치르는 셈이 된다. 거의 모든 학생들이 생체시계상으로 너무 이른 시간에, 잠을 제대로 푹 자지 못한 채 기상해야 하는 형편이다. 그러니 생체리듬이 특히 느린 유형들은 시험을 망치기 십상이다. 잠도 모자랄 뿐더러 정신적으로 최고 능률을 발휘할 수 있는 시간보다 몇 시간 앞서서 시험을 쳐야 하니 말이다.

란틀러의 연구는 무엇을 말해주는가? 그의 데이터는 결코 아침형 인간이 저녁형 인간들보다 더 똑똑하다거나 열심히 한다는 걸 입증해주는 게 아니다. 단지 "아침형 학생들은 똘망똘망한 시간에 시험을 치를 수 있는 행운을 누렸음"을 보여준다.

다수의 시민들이 평일에 생체시계 기준으로 너무 일찍 기상해야 하는 탓에 힘들다는 점은 이미 3장에서 이야기했다. 이것만으로도 야행성 인간들은 체계적으로 불이익을 당하고 있다고 해도 과언이 아니다. 이런 불이익은 일찌감치 학교에서부터 시작된다.

학생들의 경우 타고난 올빼미들뿐 아니라, 거의 모든 아이들이 커다란 사회적 시차증을 겪고 있다. 잠을 가장 잘 자야 할 사람들이 말이다. 학생의 가장 중요한 임무는 공부다. 바로 그 일을 위해 그들의 두뇌는 잠이 필요하다. 잠을 푹 자지 못한 두뇌는 새로운 것을 척척 받아들이지 못한다. 이미 말했듯이 충분한 수면은 그 전에 배운 것들을 자기 것으로 만드는 데 특히 중요한 역할을 한다.

어째서 사회가 학생들을 이렇게 심한 수면부족 상태로 몰아가는 것일까? 아이들은 주말에조차 모자란 잠을 보충할 기회를 종종 박탈당한다. 이렇게 체계적으로 아이들을 잠재우지 않으면서, 최대의 학습성과를 기대하다니! 모순이 아닐 수 없다.

그러므로 거의 모든 시간생물학자와 수면과학자들이 이구동성으로 학업성취도를 향상시키고자 한다면 제일 먼저 학교 등교시간을 최소한 중학년(우리의 중학교에 해당함.―옮긴이)부터는 좀 뒤로 미루어야 한다고 제안하는 건 공연한 얘기가 아니다. 우리 사회에서 10대 중반의 학생들, 직업교육생들, 대학생들만큼 심각한 만성 수면부족에 시달리는 집단은 없다. 일생에 걸친 수면시간(수면의 양)을 살펴보면, 성인이 되기까지 수면시간이 점점 줄어들다가 성인이 되고 나서는 고령까지 줄곧 비슷하게 유지되는 것이 눈에 띈다.

흥미로운 점은 평일과 휴일 독일 평균 시민들의 수면양 비교이다. 약 25세부터는 평일과 휴일의 수면양이 약 30분에서 1시간까지 차이난다. 사회적 시차증을 보여주는 대략적인 잣대이다. 그 데이터는 내가 4장에서 제시했던, 국립수면연구소의 설문결과와 일치한다.

10세 미만과 65세 이상에서는 평일과 휴일의 수면양에 차이가 없다. 열 살 미만 아이들의 경우 종달새 경향이 있는 그들의 생체 시간 감각이 외부에서 부여하는 리듬에 잘 들어맞는다. 노인도 비슷하다. 그밖에 노인은 대부분 더 이상 직업활동을 하지 않으므로, 자기가 자

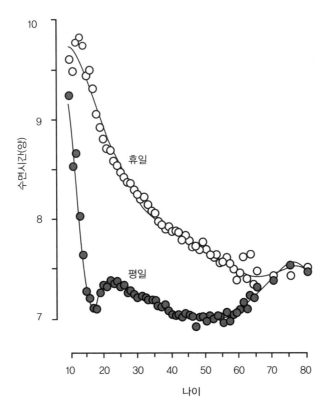

연령별 수면의 양 학교에 들어가면서부터 휴일보다 평일에 잠을 적게 자게 된다(자기평가에 따른 휴일 및 평일의 구분). 이런 패턴은 은퇴 연령까지 계속된다. 휴일과 평일의 수면 차는 10대 후반에 가장 크게 벌어진다. 평균치에서 조금 벗어나는 것은 통계적으로 눈에 띄지 않는다.

고 싶은 만큼 잘 수 있다.

그런데 15~20세까지는 평일과 휴일의 수면양이 무려 2시간 반이나 차이가 난다(이것이 평균치라는 점을 명심하라! 많은 경우 사회적 시차증은 이보다 훨씬 더 심하다).

안녕히 주무셨어요?

세 가지 불리한 요소들이 중첩되어 청소년들을 이른 아침마다 잠이 모자란 좀비로 만든다. 첫 번째 요소는 10대에서 20대 초반까지는 기본적으로 수면 필요량이 성인보다 약간 더 많다는 것이다. 두 번째 요소는 이들의 생체리듬이 생물학적인 이유에서 강하게 뒤쪽으로 밀려나 있다는 것, 즉 그들은 "올빼미 대왕들"이라는 점이다. 마지막 세 번째 요소는 학교나 직업학교가 대부분 8시 혹은 그 이전에 시작된다는 사실이다.

여기서 변화시킬 수 있는 것은 세 번째 요소, 즉 등교시간뿐이다. 우리는 이 부분에서 속히 조치를 취해야 한다.

등교시간을 늦추어야 하는 이유

자메이카, 탄자니아, 칠레, 아일랜드, 말레이시아, 그리스, 크로아티아의 공통점은 무엇일까? 교사나 학교 부족으로 인해 최소 일정기간 동안 2부제 수업을 실시했던 나라들이다. 2부제 수업시스템 하에서 학생들의 절반은 아침 8에서 오후 2시까지, 절반은 오후 2시에서 밤 8시까지 수업을 한다. 아이들은 매주 번갈아 오전반이 되었다가 오후반이 된다. 아침에 공부를 했던 아이는 다음 주에는 오후에 학교를 가고, 또 그 다음 주가 되면 아침에 학교를 가는 식이다.

끔찍한 상황이라는 생각이 드는가? 잘못 짚었다. 물론 이런 식의 2

부제 수업은 어쩔 수 없는 자구책이지만, 아이들에게는 좋다. 자메이카, 크로아티아, 칠레 등의 아이들은 거의 3분의 2에 해당하는 날들은 푹 자도 되는 것이다. 우리 아이들은 시설 좋은 학교에 다니지만 푹 잘 수 있는 날이 3분의 1도 되지 않는다.

크로아티아 자그레브의 아드리야나 코체크는 학생들의 수면 행동을 체계적으로 연구한 뒤 "2부제 수업이 크로아티아의 청소년 수면양에 긍정적인 역할을 하는 것으로 나타났다"고 결론을 내렸다. 학생들은 2부제 수업 하에서 2주에 9일간을 아침에 느지막이 일어나도 된다. 아이들의 수면시간은 주말과 오후반 수업이 있는 9일간은 9시간에 육박했고, 오전 수업이 있는 5일은 7시간 정도로 떨어졌다. 아이들은 오전 수업이 있는 기간에 잠이 부족해져서 낮에 더 졸고 컨디션이 약간 저하되었다.

연구자들은 유감스럽게도 학교성적은 비교하지 못했다. 모든 학생들이 2부제 수업을 하기 때문에 비교 집단이 따로 없는 까닭이다. 그러나 추측건대 추가적인 수면은 학업성취에도 이로울 것이다.

사실 만성 수면부족이 빚어내는 현상은 매일같이 눈으로 확인할 수 있다. 아침 일찍 시내의 보도에 나가보기만 하면 된다. 2~3년 전쯤 나는 일이 있어 하일브론에 갔다가 집으로 돌아가는 기차를 타려고 일찌감치, 아침 8시도 안 된 시각에 호텔에서 나간 적이 있다. 시내를 거쳐 역 쪽으로 빠른 걸음을 옮기는데 뭔가 이상한 기분이 들었다.

하일브론은 인적이 드물지 않았다. 역에 가까워질수록 책가방을 멘 아이들의 모습이 점점 더 많이 보였다. 그러나 그 누구도 웃거나 이야기를 하지 않았다. 아직 잠이 덜 깨어 무표정한 얼굴이었다. 기차를 타고 주변 지역에서 이쪽으로 통학하는 아이들이었다.

아이들은 점점 많아졌고, 그 장면은 점점 더 기분을 나쁘게 했다. 삼삼오오 걷는 아이들은 마치 "산송장"처럼 보였다. 힘들게 걸음을 떼는 좀비 부대라고 할까. 그저 앞쪽으로 발을 옮기고 있을 따름이었다. 옭죄는 정적이 견딜 수 없을 정도였다. 독자들이 믿거나 말거나, 역까지 20분가량 걸어가는 동안 어른들의 모습은 거의 보이지 않았다(일찍 출근하는 경우 어른들은 자동차를 타서 그런 걸까). 웃음소리는 어디서도 들리지 않았고, 큰 소리로 이야기하는 아이도 없었다. 안쓰러워 미칠 것 같았다.

오늘날 대부분의 학생들은 제대로 잠이 깨지도 않은 상태에서 학교에 간다. 초등학생은 보통 10시간에서 11시간 정도 잠을 자야 한다. 만 열두 살짜리도 평균 9시간 반의 수면이 필요하다. 안타깝게도 프린의 수면의학자 울리히 포더홀처에 따르면 "주중에 권장 수면시간을 채우는 청소년은 8퍼센트에 지나지 않는다."

물론 취리히 대학교 소아병원의 오스카 제니는 아이들을 일괄적으로 취급해서는 안 된다고 경고한다. 어떤 아이는 8시간 정도 자면 충분하고, 다른 아이들은 11시간의 수면이 필요하다. 오스카 제니는

"이렇게 개인차가 크다보니 종종 문제가 생긴다"고 지적한다. 수면 필요량이 적은 동시에 올빼미(야행성)인 경우, 부모가 쓸데없이 아이를 너무 이른 시간에 침대로 몰아넣는 결과를 빚을 수 있다. 제니는 이럴 때 "수면욕구와 침대에서 보내는 시간 사이의 불일치로 인해 양육상 심각한 어려움과 수면장애가 빚어질 수 있다"고 경고한다.

그러면 잠이 특히 많은 아이들은 어떨까? 제니는 "일찌감치 학교에 가야 해서 수면 필요량을 못 채우는 많은 아이들에게서 만성 수면부족이 생길 수 있다"면서 그로 인해 "집중력이 떨어지고, 충동성이 증가하고, 하루 종일 피곤함을 느끼게 된다"고 지적한다.

학생들의 만성 수면부족은 의학적으로나 심리학적으로 볼 때 사소한 일이 아니다. 만성 수면부족이 아이들의 비만 위험을 높인다는 것은 오래 전에 증명되었다. 잠을 푹 자지 못하는 것이 장기적으로는 주의력결핍과잉행동장애ADHD를 유발한다는 암시도 점점 더 증가하고 있다. 제니는 때로 원인과 결과를 뒤집어 생각하는 듯하다고 말한다. 물론 모든 과잉행동장애가 수면부족으로 인한 것은 아니지만, 과잉행동장애를 보이는 아이들 중 "어느 정도는 그냥 잠을 좀더 오래 자도록 내버려두어야 할 것"이라고 말이다.

확실한 점은 의사들이 과잉행동장애 아동의 수면장애를 개선해주자 간혹 증상이 사라졌다는 사실이다. 2005~2006년, 수면의학자들로 구성된 미국의 두 연구팀은 코를 심하게 고는 아이들을 대상으로 편도선 제거수술을 시행함으로써 나타나는 효과를 추적하였다. 그

결과 수술 전에는 이 아이들 중 과잉행동장애 아동 비율이 평균 이상으로 높았는데, 수술 후 수면장애만 개선된 것이 아니라 (부모들의 말에 따르면) 아이들이 눈에 띄게 조용해진 것으로 드러났다. 한 연구에 따르면 수술 이후 과잉행동장애 아동의 비율은 절반으로 줄어들었다. 그리고 일년이 지나자 코골이 수술을 받았던 아이들 중 과잉행동장애를 보이는 비율은 수면 문제가 없었던 비교집단 수준으로 떨어졌다.

잠을 많이 자면 학교 성적도 오른다는 것은 19세기부터 알려진 사실이다. 핀란드의 연구자들은 최근 건강한 7~8세 아동들이 그 연령대로서는 굉장히 적은 7.7시간만 잔 경우, 정상적인 수면을 취한 아동들보다 과잉행동을 하는 비율이 뚜렷이 높다는 것을 규명하였다.

이 연구에 따르면 수면시간이 적은 것은 다른 영향들과는 독립적으로 주의력결핍과잉행동장애 위험을 높인다. 2013년 가을에 발표된 한 연구는 수면 습관이 특히 불규칙한 아이들이 다른 아이들보다 과잉행동 경향이 높다는 결론에 이르렀다. 문제는 불규칙함 자체보다 이 아이들이 너무 늦게 잠자리에 들거나 너무 일찍 일어남으로써 어쩔 수 없이 쌓이는 만성 수면부족이다.

프라이부르크의 수면의학자 디터 리만은 실적사회가 많은 성인들 (수면욕구가 높고, 업무리듬과 어긋나는 시간 유형을 가진 성인들)을 번아웃으로 몰아간다는 지적과 함께 "비만이나 과잉행동장애를 가진 아동 중 일부도 수면 필요량에 반해 충분한 수면을 취하지 못한 경우일 것으로 보인다"고 말했다.

여러 지표들이 이런 아이가 점점 늘고 있음을 보여준다. 주의력결핍과잉행동장애 치료약물 처방 건수는 크게 증가하고 있다. 바름 의료보험청에 따르면 2011년 독일의 의사들은 6만 2,000명의 아동 및 청소년을 "주의력결핍과잉행동장애와 관련한 집중력 저하"로 진단하였다. 2006년보다 42퍼센트 늘어난 숫자이다.

대부분의 학생들이 만성 수면부족으로 시달린다는 사실이 학교 등교시간을 늦추기 위한 논지로 충분하지 않다면 이런 우려스러운 증상이 강력한 논지로 작용할 수 있을지도 모른다. 어쨌든 아동과 청소년층에서 비만과 주의력결핍과잉행동장애가 증가하는 현상은 우리 시대가 가장 시급히 해결해야 하는 문제 중 하나다. 더 늦기 전에 근본적인 시스템을 개선해야 한다.

미국 로드아일랜드 미들타운의 세인트 조지 하이스쿨은 몇 년 전에 이미 이런 맥락에서 9~12학년의 등교시간을 아침 8시에서 8시 30분으로 늦춘 뒤 학자들과 더불어 아이들의 변화를 주시하였다. 이 학교가 2010년 발표한 결과에 따르면, 그 전에는 201명의 10대 청소년 중 8시간 이상 수면을 취했던 비율이 6분의 1에 지나지 않았는데, 등교시간을 옮김으로써 그 비율이 절반으로 높아졌다. 그러자 학생들의 집중력이 개선되고, 학교 양호실에 들락거리는 일도 줄어들었으며, 우울감을 느끼는 비율도 감소하였다. 이어 다수의 학생과 교사들이 늦춰진 등교시간을 계속 유지해달라고 요구하였다.

3년 뒤 스위스의 한 연구도 비슷한 결과를 확인하였다. 바젤의 심리학자 사카리 레몰라는 동료들과 함께 2,716명의 청소년을 대상으로 수면 습관과 등교시간을 조사하였다. 학생들의 평균 나이는 15세였다. 그들의 평균 수면 필요량은 9시간 남짓. 그러나 실제로 취하는 수면양은 8시간 40분에 불과했다(이것만 해도 놀라운 양이다. 대다수 국가 학생들의 수면시간은 그보다 훨씬 적다). 조사결과, 8시간 미만으로 잔 아이들은 학업성적이 좋지 않고 삶의 자세도 부정적이었으며 피로감에 시달리는 비율이 더 높은 것으로 나타났다.

이 조사에서 가장 흥미로운 결과는 학교 등교시간에 관한 것이었다. 2,716명 중 343명의 학생은 8시에 학교에 등교하고, 나머지는 7시 40분까지 등교해야 했다. 그런데 이 20분이 가져오는 차이가 확연한 것으로 나타났다. 8시까지 등교하는 아이들은 다른 아이에 비해 평균적으로 하루 15분 정도 더 잤는데 비교 그룹에 비해 수업시간에 확연히 더 정신이 맑고 집중이 잘 된다고 느꼈다.

이런 작은 차이가 뚜렷하게 다른 결과를 부른다면, 등교시간을 9시나 10시로 옮기면 어떤 효과가 나타날까? 대부분의 전문가들은 등교시간을 대폭 늦출 것으로 요구하고 있다. 가뜩이나 학교 시스템이 많은 비판을 받고 있는 마당에, 이런 조처는 그나마 손쉽게 실천에 옮길 수 있는 긍정적인 첫 걸음이 될 것이다.

온전하게 배울 권리, 온전하게 키울 의무

학술저자 발터 슈미트도 자신의 저서 《당신의 발》에서 등교시간을 늦추는 것이 그리 어렵지 않다는 점을 지적한다. 슈미트는 자신이 받은 담당 부처의 이메일을 인용해 "수업시간은 전체 교사협의회가 학교협의회(학부모 대표, 학교장, 교사, 학생대표로 구성됨)와 교육청의 동의를 얻어 결정한다"고 적었다. 그렇게 정해진 규약에 따르면 수업시간은 초등학교의 경우 7시 30분에서 9시 사이에 시작할 수 있고, 김나지움(독일의 인문계 중등학교. 5학년부터 13학년까지 9년 과정이다.—옮긴이)은 7시부터 시작할 수 있다(학년이 높아질수록 수업을 더 일찍 시작하는 것은 시간생물학적으로 볼 때 매우 어리석은 일이다).

법에 이렇게 되어있는데도 독일 학교의 등교시간이 대부분 8시 혹은 그 이전이라는 것이 놀랍다. 학교협의회는 가능한 범위에서조차 등교시간을 늦추지 않는 것이다. 오히려 최근에는 더 이른 오후에 하교할 수 있도록 등교시간을 앞당기자는 학부모나 학생의 이메일이 심심치 않게 온다. 또한 주중에 2~3일은 0교시라 하여 더 이른 시간에 등교하기도 하는데, 이런 날에 수업은 7시 15분 혹은 그보다 더 일찍 시작한다.

2013년 나는 베를린 외곽에 사는 학부모로부터 이런 이메일을 받았다. "저는 학부모 대표 자격으로 일년 전부터 학교 측을 설득하여 등교시간을(현재 7시 30분보다) 늦추어보려 하고 있습니다. 현행 등교시간으로 인해 아이들의 일부가 불이익을 당하고 있다는 생각에서입니다. 게다가 내년에는 건축으로 말미암아 등교시간이 7시 20분으로 더 당겨질 것 같습니다. 하지만 학교 측은 이런 사안에 참으로 무지합니다. 저는 학부모들을 설득하여 등교시간을 늦추어볼 수 있도록 학술자료를 찾고 있던 중입니다."

물론 나는 참고문헌과 함께 자료를 제공하였다. 하지만 결과는 실망스러웠다. 학부모 대표에게서 답장이 오기를 대다수 학부모들의 생각은 요지부동이라고 하였다. "베를린과 브란덴부르크는 출근시간이 비교적 이른데, 많은 부모들이 시내까지 출근하는 데 최소 1시간은 잡아야 하기에, 7시 30분 등교를 환영하며 심지어 더 일찍 시작해도 좋다고 한다"는 것이었다.

학교에서 강연을 하면 토론 자리에서 늘 이런 반응을 접한다. 부모들뿐 아니라 (놀랍게도) 대다수 학생들 역시 학교 등교시간을 늦추는 것을 강하게 거부한다. 습관을 바꾸는 데에 거부감이 있는데다. 제시간에 출근하지 못할까봐 부모들은 걱정스러워한다. 게다가 등교시간을 늦추면 하교시간도 더 늦어질 텐데, 그러면 여가 프로그램이나 사교육에 지장이 생긴다는 것이다.

교원연합회도 반대를 한다. 교사들은 이미 많은 일을 하는데다, 업무 시작시간이 늦어지면 오후 여가시간도 줄어든다는 논리다. 그 말이 정말 맞다면, 연합회는 업무시간을 줄이기 위한 투쟁을 하는 게 옳다. 그리고 등교시간을 늦추는 경우, 아침에 일찍 일어나는 종달새형 교사들은 수업 시작 전 아침시간을 이용해 수업 준비나 채점, 숙제를 수정하는 일을 하면 된다.

반면 대다수 젊은 교사들은 등교시간을 늦추는 것에 찬성한다. 우선 젊은 교사들 대부분이 아침에 충분한 수면을 취하고 싶고, 두 번째로는 수업시간에 졸거나 아예 자버리는 학생들을 눈으로 확인해왔기 때문이다.

발터 슈미트는 드레스덴의 라데보일에 사는 니콜라이라는 아이 이야기를 소개한다. 김나지움 5학년에 다니는 그 아이는 주중 3회 7시 15분에 수업을 들어야 하는데, 그런 날에는 새벽 5시 45분에 기상한다. 아침식사도 부모님과 함께 할 수 없을 뿐더러, 엄마 말에 따르면 아이는 학교 가면서 부모에게 곧잘 "굿나잇, 안녕히 주무세요."라고 인사를 한다. 니콜라이의 엄마는 정곡을 찌른다. "아이들을 생각하지 않은 채 어른들의 편의만 극대화하다보니 이렇게 된 것이죠."

생각을 바꿀 때가 되었다. 3장에서 제기한 업무시간을 개인에 따라 탄력적으로 운용하고 재택근무를 늘리자는 요구가 호응을 얻는다면 등교시간을 조정하는 일도 어렵지 않을 것이다.

시간생물학적으로 볼 때 고학년(우리의 고등학교 나이) 등교시간으로 10시 이전은 적합하지 않다. 중학년(우리의 중학교)은 빨라도 9시, 초등학생(우리의 4학년까지)들은 8시 30분은 되어야 할 것이다.

취리히의 소아심리학자 오스카 제니는 애초에 등교시간을 천편일률적으로 정해놓는다는 것 자체가 불합리하다고 지적한다. 오스카 제니는 등하교 시간을 유연하게 하자고 제안한다. 최소한 어느 정도의 시간적 반경 안에서 아이들이 원하는 시간에 등하교하여 학교가 제공하는 틀 안에서 스스로를 최적으로 계발할 수 있게 하자는 것이다. 제니는 "아이들에겐 지적 교육이 필요할 뿐 아니라, 성장과 계발이 무엇보다 필요하다"고 말한다. 대다수 선진국의 교육에서 이런 필요는 제대로 충족되지 못하고 있다.

제니는 다수의 개혁지향적인 교육전문가들이 요구하는 것처럼, 수업내용이 지금보다 더 유연하고 개인에 맞는 방식으로 제공된다면 학생들 또한 자신의 욕구에 맞추어 학교에 머무는 시간을 자율적으로 선택할 수 있을 것이라고 말한다. 학습뿐 아니라 수면리듬과 생체리듬도 이런 욕구에 속한다.

독일에서는 (G8이라 불리는) 8학년제 김나지움이 도입되면서 상황이 더 악화되었다. 매일의 수업 시수가 늘어나 하교시간이 늦어진 것이다. 게다가 많은 아이들은 방과 후 악기를 배우고 스포츠클럽에도 다니기를 원하므로(물론 이것은 절대적으로 환영할 일이다. 발달을 뒷받침하기 때문이다) 어찌 하다보면 숙제는 자연스럽게 저녁시간으로 미루어진다. 그런데 그 시간을 숙제뿐 아니라 컴퓨터게임, SNS, 다른 놀이에도 할애하고 싶다. 그러다 보면 가장 매력 없는 선택사항인 잠이 자꾸 등한시된다. 게다가 학년이 높아질수록 점점 늦어지는 생체리듬에 탓에 그런 경향이 심해질 확률이 높다.

이제 교육정책가들은 교과내용을 좀 단출하게 하고, 최근에 함부르크 교육청이 권고했듯이 주당 숙제와 보고서, 수업 시수를 제한해야 한다. 그러려면 김나지움 학제를 다시금 9학년제로 변경하는 것이 필수다. 2014년 니더작센 주가 처음으로 9학년제 복귀를 결정했고, 몇몇 다른 연방주도 부분적으로는 그런 결정을 내렸다.

학생들에게 더 많은 시간을 주어야 한다. 충분한 수면을 취하고, 유연하며 열려있는 합리적 학제 안에서 왕성한 발달을 이루기 위해서는 아이들에게 더 많은 시간이 필요하다.

독일에서 현재 9학년제 김나지움으로 돌아가는 트렌드는 심지어 커다란 기회가 될 수 있다. 8학년제를 도입했던 덕분에 이제 오후 수업의 인프라 구조가 탄탄히 마련된 터이니, 다시금 확보한 일년이라는 시간과 슬림한 교과과정으로 얻어진 여유를 무엇보다 오전 등교시간을 늦추고, 쉬는 시간을 늘리고, 수업시간을 알차게 운용하는 데 활용할 수 있을 것이다. 일년이라는 시간적 여유가 주어졌으므로 그렇게 해도 하교시간을 고수하는 데는 전혀 지장이 없다.

이렇게 하면 많은 학생들은 수업을 시작하기 전 아침시간과 더 길어진 쉬는 시간을 이용해 더 많은 시간을 야외에서 보냄으로써, 이 책 1장의 요구를 충족시킬 수 있다. 이런 조치를 통해 학생들의 생체

안녕히 주무셨어요?

리듬은 추가적으로 약간 앞당겨지고, 잠을 깊이 자는 데도 간접적인 도움이 될 것이다. 그밖에 3장에서 이야기했듯이 여가활동을 오후나 저녁에 한다는 도그마를 버린다면 오후 수업을 더 오래 하는 대신 오전시간을 여가활동에 할애할 수 있다. 그리하여 어떤 날은 정오에 비로소 수업을 시작할 수도 있을 것이다.

그렇게만 된다면 우리의 귀중한 보물인 아동과 청소년은 모든 조처에서 유익을 얻는다. 더 건강해지고, 창의력 넘치고, 성품이 원만해지고, 의욕 충천하며, 집중력이 높아질 것이다. 수업 시수도 줄어들 수 있다. 생체리듬에 맞게 출근한 교사들은 같은 시간 안에 지금보다 더 많은 양을 가르칠 수 있기 때문이다.

무엇보다 정치가들이 기뻐할 일이다. 앞으로 피사 테스트 점수가 껑충 뛰어오를 것이기 때문이다.

학생들에게 꿀잠 잘 권리를

세 번째 열에 앉은 여학생 요한나 혹은 루이제가 말한다. "끔찍해요. 우리는 안중에 없어요. 중요한 것은 선생님들의 일정이죠." 월요일 아침은 가장 안 좋다고 했다. 그때는 "아직 주말 모드"라서 말이다. 목요일과 금요일 1교시에는 반 아이의 절반은 잔다고 했다(청중 사이에서 웃음이 터졌다. 몇몇 남학생이 눈을 감고 커다랗게 코고는 소리를 냈기 때문이다). "선생님들은 그걸 전혀 몰라요"

물론 교사들은 아이들이 어떤 상태인지를 알고 있다. 눈빛을 보면 안다. 그들은 다만 모종의 조치를 취하는 것을 일찌감치 포기했을 따름이다. 그런 그들이 드디어 이 현상을 개선하겠다고 나섰다. 그 첫 단계로 나를 자신들의 학교에 초대하여 강연과 토론을 부탁하였다. 테마는 "왜 등교시간을 늦추어야 하는가?"였다.

특히 학년이 높은 학생들은 주 5일간 수면부족이 누적되어 주말에 잠을 조금 보충하는 것만으로는 상쇄되지 않는다. 토론 말미에 투표를 실시해보니, 학교 구성원의 의견은 확실했다. 학교가 지금보다 많이 늦게 끝나지 않는다는 전제 하에, 거의 모든 학생과 교사가 등교시간 늦추는 데 찬성했다. 올빼미 유형 교사들은 당연히 반기고, 다른 교사들은 더 유쾌하고 생산적인 수업을 할 수 있길 기대했다.

물론 이런 아이디어는 교과 플랜을 좀 단순화하거나 독일의 김나지움을 9학년제로 되돌릴 때만 실행 가능하다. 따라서 잠 잘 자는 사회를 위한 웨이크업 플랜 6은 두 가지 요구를 중심으로 한다.

- 등교시간은 무조건 늦춰야 한다. 조금만 늦추더라도 효과는 크다. 학교 협의회는 단기적으로는 법적인 틀을 준수하는 가운데 8시 30분이나 9시로 등교시간을 정해야 한다.

- 출퇴근시간 유연제가 실시되어 아침 일찍 출근할 필요가 없어지면, 학부모들은 서둘러 아이를 학교에 보내지 않아도 된다. 최소한 과도기에는 학교에서 수업 시작 돌봄교실(돌봄 서비스) 등을 운영하면 된다.

- 교육정책가들은 장기적으로 12시쯤에 수업을 시작해도 좋을 정도로 법을 개정해야 한다. 그 첫 번째 타협안으로 초등학교는 8시 30분이나 9시에 등교하고 중학년은 9시 이전에, 고학년은 10시 전에 수업을 시작하지 않도록 하는 내용을 제안한다.

- 학교는 등하교시간 유연화 방법을 모색해야 한다. 모든 학생이 모이지 않는 유연한 시간에는 학생들이 자기주도적으로 과제를 해결하는 프로젝트 수업에 참여하거나 보고서를 준비하거나 실험을 하도록 하고, 교사는 관리만 해줄 수 있다. 주중 하루이틀은 등하교시간을 완전히 자유

화하여, 프로젝트 수업만 진행하는 것도 생각해볼 수 있다.

- 수업을 블록화하는 등, 천편일률적인 모습에서 탈피하여 현재보다 더 리듬감 있는 수업이 이루어져야 한다. 블록 타임제 수업 후에는 넉넉한 휴식시간을 주어 학생들이 야외활동을 하도록 유도해야 한다. 점심시간 은 특히 넉넉하게 주고, 학교는 놀이터나 마당에 놀거나 쉴 수 있는 매력 적인 시설들을 마련하는 데 투자를 아끼지 말아야 한다.

- 비현실적으로 들리겠지만, 주중 4일만 수업을 하는 것이 더 좋다. 이를 통해 아동 및 청소년은 꿀잠을 자고 일어나 스스로를 자유롭게 개발해 나갈 여지를 갖게 된다. 4일만 수업을 하면 추가적인 활동에 쏟을 에너 지가 생기고 가족활동을 할 기회도 늘어난다.

- 아동과 청소년이 오전시간에 여가 프로그램이나 자기계발 프로그램을 이용할 수 있게 된다면 얼마나 좋을까. 그러려면 다른 것과 맞물려 스포 츠클럽이나 음악학원 같은 사교육업체들이 합당하게 전환을 해야 한다.

- 학교는 교과내용의 양을 줄이고, 여기에서 확보된 시간을 아이들을 계 발하고, 수업을 단축하고, 수업형태를 바꾸는 데 활용해야 한다. 그렇게 되면 등교시간을 늦추어도 하교시간은 지금과 같이 유지할 수 있다.

7장

쉬어줘요, 제발!

자연 만물의 놀라운 생존법

2013년 6월, 미국 동부에서 수백만 마리의 매미가 고치를 까고 나왔다. 밥 딜런의 노래 가사를 빌리자면 바야흐로 "매미의 해였다." 여러 연방주에서 형언할 수 없을 만큼 많은 매미가 동시다발적으로 땅속에서 기어나왔다. 땅속 나무의 뿌리 즙에서 영양을 취하며 애벌레 상태로 17년을 보낸 녀석들이었다.

맥상무늬가 있는 예쁜 날개와 눈에 띄는 붉은 눈을 가진, 엄지손가락만한 크기의 흑갈색 수컷 매미들은 떼를 지어 나무 꼭대기로 날아올라 금세 귀를 마비시킬 것처럼 울어대기 시작했다. 암컷과 만나 번식하고, 다음 세대로 하여금 다시 17년간 눈에 띄지 않는 애벌레로 살아가게 하기 위함이었다.

매미가 17년에 한 번씩 한꺼번에 성체가 되는 이유는 아마도 적을 피하기 위해서일 것이다. 한꺼번에, 전부 다 성충이 된다는 사실이 중요하다. 이런 종류의 바이오 '플래시 몹Flashmob(불특정 다수의 사람들이 이메일과 휴대전화 문자메시지를 통해 특정한 날짜·시간·장소를 정한 뒤에 모인 다음, 약속된 행동을 하고 아무 일도 없었다는 듯이 흩어지는 모임이나 행위를 일컫는다)'은 새, 곰, 담비를 가리지 않고 모든 적에게 부담이 된다. 다른 한편 매미가 17년 혹은 13년에 한 번씩 성충이 되어 울어젖히는 것은 절대 우연이 아니다. 17과 13이라는 수는 둘 다 1과 자신으로만 나누어지는 소수다. 수만 년 전 육식 맵시벌이 이 매미들의 적이었을 것이며, 그리하여 매미들이 특이한 리듬을 활용해 적들을 피하려 했다고 보는 학자들도 있다. 맵시벌들이 이들과 똑같은 라이프사이클을 개발하는 것은 쉽지 않았을 터이기 때문이다.

시간생물학자들은 매미들이 대체 어떻게 13년 혹은 17년의 기간을 정확히 측정하여 동시다발적으로 성충이 되는 것인지 궁금해한다. 오랜 세월에 한 번씩, 지구 전역에서 동시에 꽃을 피우는 특정 대나무 종도 자연의 커다란 수수께끼에 속한다(그중 가장 최고는 왕대 Phyllostachys bambusoides로 120년에 한 번씩 꽃을 피운다).

매미와 대나무는 자연의 업적 앞에서 겸허한 마음을 갖게 하는 한편, 생체시계가 밤낮을 알려주는 것 이상으로 많은 일을 할 수 있음을 암시한다. 생체시계가 세포에 어떤 시간을 심어놓았는지는 그 생물에게 어떤 리듬이 특히 중요한지에 달려 있다. 나머지는 진화를 통해 자연스럽게 해결된다.

가령 클루니오 속에 속하는 바다 깔따구들은 정확히 14.76일에 한 번씩 20분간 고치에서 깨어나와 짝짓기를 하고 알을 낳는다. 깔따구의 애벌레는 서프대Surf zone(연안의 해안선으로 접근하는 파랑이 쇄파대 breakerzone에서 부서진 후 파도가 해안선 방향으로 밀려오는 수역)의 웅덩이에서 사는데 이곳은 한사리 간조 때만 마른 상태가 된다.

바다 생물의 삶이 초승달과 보름달의 리듬이나 그로 인한 밀물과 썰물에 좌우되는 것은 놀랄 일이 아니다. 가령 많은 갑각류는 밀물과 썰물 때를 정확히 안다. 남태평양 바다에 사는 다모류(갯지렁이)인 파올로 지렁이는 11월 첫 보름달이 뜬 후 아침에만 산란을 한다.

또 다른 다모류인 버뮤다 반딧불이는 달을 감지하는 생체감각으로 아메리카 신대륙을 발견하는 데 도움을 주기도 했다. 콜럼버스는 이 반딧불이의 암컷들이 여름 밤 보름달이 뜨기 전과 뜬 후에 수컷들을 유혹하기 위해 발하는 빛을 따라갔다고 한다. 콜럼버스는 이 빛이 인간들에게서 오는 것이라고 생각했다. 그러나 이 빛은 그를 바하마의 산 살바도르 섬으로 인도하였고, 콜럼버스는 거기서 신세계에 최초로 발을 내디뎠다.

조상이 바다를 떠나온 지 오래인 인간의 생물학에는 달의 리듬이 비교적 중요하지 않다. 연구자들은 인간의 생체리듬과 달 주기의 연관성을 열심히 찾았으나 작은 암시를 발견하는 데 그쳤다. 2013년 여름, 바젤의 시간생물학자 크리스티안 카요헨은 30명 이상의 참가자를 대상으로 한 데이터를 발표하였는데, 참가자들은 보름달이 뜬 밤에 보통 때보다 수면시간이 약간 줄어들고 깊은 잠을 자지 못하는 것으로 나타났다.

카요헨은 이 결과를 과대해석하지 않고자 유의하면서 만약 이런 결과가 사실로 확인된다 해도 그 현상은 비교적 중요하지 않은 "과거의 유산"일 것이라고 말했다.

인간의 삶에 달 리듬과는 비교할 수 없이 중요한 요소는 가장 지배적인 밤낮의 순환 외에 소위 울트라디안 리듬Ultradian Rhythm(하루보다 짧은 주기. 0.5~20시간 주기)이다. 울트라디안이라는 것은 각 주기가 24시간보다 짧은 주기를 의미한다. 가령 고양이가 밤낮으로 3~4시간에 한 번씩 잠을 자는 것이 울트라디안 리듬이다.

우리의 체내 과정 대부분은 (호르몬 분비, 체온의 변화, 머리카락이나 면역세포, 피부의 성장까지) 서캐디안 리듬(24시간 리듬)으로 조절되어 하루 간격으로 고저를 보이지만, 추가적으로 울트라디안 리듬의 영향을 받는 과정이 여러 개 있다. 울트라디안 리듬은 동물과 인간이 체내의 과정을 서로 더 잘 조율하도록 도와준다. 그것들은 생물학의 기본 원칙 즉 활동은 휴식을 필요로 하고, 휴식 없이는 어떤 생물도 균형에 이르지 못한다는 원칙에 순응한다.

그것은 무엇보다 우리의 학습과 업무능력 면에서, 또한 식욕과 졸음과 관련해서도 중요하다. 그러니 푹 자고 제시간에 일하는 것을 다루는 책에서 울트라디안 리듬 이야기를 하지 않을 수 없다.

90분의 능률과 4시간의 저점

1895년 러시아에서 태어나 1차 대전이 발발하기 전에 미국으로 옮겨와서 1920년대 세계 최초로 시카고에 수면연구실을 설립한 너새니얼 클라이트먼은 현대 수면연구 및 시간생물학의 아버지라고 할 수 있다. 그도 그럴 것이 1938년에 세계 최초로 동굴에서의 고립실험을 시작함으로써 훗날 바이에른 안텍스의 "벙커실험"의 기초를 놓았던 것이다.

그러나 클라이트먼이 생애 가장 중요한 발견에 이른 것은 1954년이었다. 당시 자신의 제자 유진 아세린스키와 함께 세계 최초로 "패러독스 수면"(혹은 '역설적 수면': 몸 전체는 깊이 잠들어 있는데 뇌파만이 빠른 동요를 나타내므로 역설적이라 하여 붙여진 말)에 대한 논문을 발표했다. 모든 인간이 수면 중에 규칙적인 간격을 두고, 일반적인 잠으로부터 완전히 다른 단계로 옮겨간다는 사실을 발견한 것이다. 그들은 이런 "제3의 상태"를 rapid eye-movement sleep, 즉 빠른 안구운동을 동반하는 수면, 줄여서 "렘REM수면"이라고 불렀다.

잠이 들면 우리는 잠시 얕은 수면을 거쳐 편안하고 깊은 수면의 단계로 들어가는데, 깊은 수면 단계를 뇌파의 특징적인 패턴 이름을 따서 "델타파 수면"이라고도 부른다. 하지만 약 1시간 반(90분) 정도 지난 후 잠시 깨어 렘수면을 보이다가 잠자는 상태와 깨어있는 상태의 중간이라 할 수 있는 1단계 얕은 수면의 단계로 되돌아간다. 그러나 대부분은 자다가 잠시 깨어나는 주기를 기억하지 못한다. 두뇌에 저장되기에는 시간이 아주 짧기 때문이다.

이런 잠의 사이클은 대략 90분 주기로 돌아가며, 사람에 따라 최대 20분 정도 길거나 짧을 수 있다. 어린아이는 이 주기가 50분밖에 되지 않는 경우도 많다. 하지만 한 번의 사이클 주기가 어떻든 간에, 자연은 사이클의 끝에 역설적인 수면을 장착해놓았다. 렘수면 단계에서 전극을 머리에 부착하고 뇌파를 측정하면 깨어있을 때와 비슷한 상태를 보인다. 그러나 근육은 완전히 이완되어 몸을 움직일 수 없다.

이 단계에서 사람들은 생생하고 구체적인 꿈을 꾸게 된다. 다행히 근육이 이완되어 몸을 움직일 수 없기에 몸을 사용하여 꿈을 현실에 옮기는 일, 즉 닥치는 대로 몸을 놀리거나 돌아다니거나 소리를 지르는 일이 발생하지 않는 듯하다. 안구만이 이런 경직에서 제외되어 강한 움직임을 보여준다. 그리하여 이 단계에 렘REM수면이라는 이름이 붙은 것이다.

렘수면 단계가 지나면 수면 사이클은 처음부터 다시 시작된다. 잠시 깨어나는 순간들을 가진 얕은 잠으로 들어가 깊은 잠으로 이행했

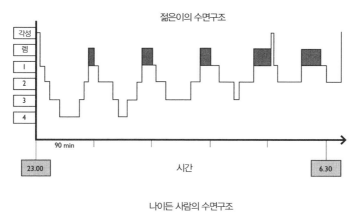

젊은이의 수면구조

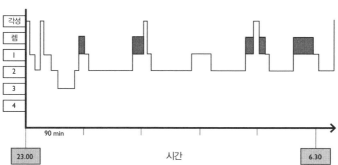

나이든 사람의 수면구조

전형적인 수면구조 밤이 진행되면서 우리는 약 90분으로 이루어진 수면 사이클을 여러 번 거치
게 된다. 나이든 사람들의 경우 얕은 잠의 비중이 높으며, 자다가 깨어나는 횟수와 시간이 좀더
길어진다. 이런 수면구조는 90분간의 울트라디안 리듬을 바탕으로 한다.

다가 다시금 렘수면으로 돌아가는 식이다. 전체적으로 하룻밤 푹 자
기 위해서는 이런 사이클이 4~6회쯤 필요하다. 수면시간이 오래 지
속될수록 잠은 점점 얕아지고, 렘수면이 늘어난다.

　나이가 들어가면서 이런 수면구조에는 변화가 나타난다. 얕은 수

면이 더 많아지고, 깨어나는 단계가 좀더 오래 지속된다(1장에서 이미 이를 언급했다). 그리하여 많은 노인들은 자신이 밤에 잠을 잘 못 자며 전보다 더 자주 깬다고 생각한다. 그러나 보통은 깨어나는 횟수가 아니라 깨어나는 시간이 길어져서, 아침에도 그 상태를 기억하는 것뿐이다. 이런 현상의 원인은 중추시계의 신호 강도가 세월이 지나면서 감소하기 때문이다. 그러므로 나이든 사람들은 낮에 햇빛을 받으며 활동하는 등 적절한 시간 신호로 생체리듬에 활기를 불어넣는 것이 특히 중요하다.

너새니얼 클라이트먼은 수면 사이클을 관찰하면서 한 가지 중요한 깨달음을 얻었다. 즉 인체는 밤낮 리듬(일주기 리듬, 24시간 리듬) 외에 기본 휴식활동 주기basic rest- activity cycle, 줄여서 BRAC를 따르며 이 기본 휴식활동 주기가 수면에 구조를 선사하고, 깨어있을 때 우리에게 언제 휴식을 취해야 하는지를 이야기해준다는 것이었다. 그에 따르면 본질적으로 우리는 하루를 보내며 능률을 발휘할 수 있는 정도가 한결같지 않다.

우리는 장시간 일관적으로 높은 수준의 능력을 발휘하도록 만들어지지 않았다. 외부에서 요구하는 것과 달리 우리는 휴식을 필요로 한다. 하루에도 여러 번 능률의 고점과 저점을 왔다갔다 한다. 그러므로 우리의 하루 일과를 계획할 때에는 울트라디안 리듬을 거스르기보다는 오히려 이것을 능숙하게 이용하면 좋다. 그렇게 하면 업무능률과 에너지 및 창조성 발휘에 확연히 도움이 될 것이다.

우리가 집중해서 일을 하는 동안 무의식적으로 90분에 한 번씩 휴식을 취한다는 암시들은 많다. 그럴 때면 우리는 냉장고로 가거나 차를 한잔 준비하거나 약간의 주전부리를 하거나 동료들과 잡담을 할 것이다. 한번 시험해보라. 일을 하다가 어느 정도의 시간 간격으로 페이스북을 들여다보거나 이메일을 불러오거나 책상에서 일어나는지를. 그 결과가 종종 전형적인 인간의 "기본 휴식활동 주기"와 대략적으로 일치한다는 사실에 놀랄 것이다.

우리의 집중력이 90분 정도면 한계에 도달한다는 점은 이미 오래전부터 알려져, 일상에 응용되고 있다. 그리하여 대다수 영화나 연극 작품은 90분을 약간 넘기는 분량으로 제작된다(긴 작품인 경우 90분 내외로 휴식을 집어넣거나). 학교에서도 소위 수업시간의 블록화가 진행되면서 1시간 반짜리 수업이 속속 개설되고 있다. 강연자 역시 이 시간을 넘겨 강연을 하려면 총리나 유명 방송인쯤은 되어야 할 것이다.

그럼에도 울트라디안 휴식활동 주기가 존재한다는 사실을 증명하기는 어렵다. 이 주기의 존재 자체가 외적인 리듬에 묻혀버리기 일쑤다. 상사 눈치를 보지 않고 자신의 신체 소리에 귀 기울여 휴식시간을 정할 수 있는 사람이 과연 얼마나 되겠는가? 일의 부담이 클수록, 우리는 휴식의 필요를 제대로 느끼지 못한다.

그러나 뇌파를 측정해보면 90분 주기가 확연히 드러난다. 이 시간 간격으로 신경세포는 특히 흥분성이 높아지거나 떨어진다. 나아가 신경세포의 연결이 강화되거나 약화되는 현상도 발견된다. 미국의 바이오심리학자 데이비드 카이저는 2013년 인간의 뇌전도 검사에서 90분 주기 리듬을 측정해낸 뒤 이 리듬은 "대뇌가 시간을 기본으로 활성도를 관리하는 것"이라고 말했다.

우리가 외적인 압력 없이 늘 직관적으로 휴식시간을 정할 수 있어서 생체리듬이 원할 때 휴식을 취하는 게 가능하다면, 대뇌피질의 신경망이 고도로 활성화되는 시간을 정신적인 일에 할애하고 흥분도가 떨어지는 시간을 창조적인 휴식시간으로 활용하면 된다. 그러면 고도의 집중이 요구되는 일에서는 심지어 20분에 한 번씩 한숨을 돌리고 쉴 수도 있을 것이다. 바이오심리학의 최신 인식에 따르면 그런 조치는 두뇌에게 특히 합당하다.

반면 지금의 24시간 사회는 그 반대를 요구한다. 우리의 집중력은 (그래픽으로 상상하자면) 직사각형을 따라야 한다. 일을 시작할 때는 단시간 내에 출력을 최대로 높여야 하고, 동일하게 높은 수준에서 지속적으로 일을 하다가, 퇴근과 동시에 출력을 확 낮추어야 한다. 자연에 반하는 폭력적인 요구가 아닐 수 없다!

이러한 직사각형 유형의 업무곡선에 배치되는 울트라디안 신호가 90분간의 리듬만 있는 것은 아니다. 능률, 수면욕구, 무엇보다 식욕은 약 4시간의 리듬을 갖는다.

안녕히 주무셨어요?

수면 실험에서 실험 대상자들이 한 번에 32시간 연속으로 침대에 누워있어야 할 경우, 그들은 기이한 수면패턴에 빠진다. 4시간마다 잠에서 깨어 일정한 시간 동안 정신이 말똥해진다. 침대에서 누워 생활하는 노인이나 환자도 비슷한 행태를 보인다. 갓난아기도 처음에는 약 4시간의 리듬으로 하루에 서너 번 잠을 잔다.

이런 리듬은 밤에도 계속되어, 아기들은 3~4시간에 한 번씩 깨어나 젖을 달라고 보챈다. 하지만 여기서 4시간 리듬이 갖는 두 번째 메시지가 드러난다. 그 시계는 우리에게 언제 식사를 해야 할지 이야기해준다. 그 때문에 지상의 거의 모든 인류가 하루 세 번에서 네 번 식사를 하는 것이다. 유아기를 벗어나면 밤에는 렙틴이라는 호르몬으로 말미암아 식욕이 억제된다. 렙틴은 뚜렷한 24시간 리듬을 가지고 있어서 우리가 잠을 자는 시간에 배가 고프지 않도록 해준다.

많이 소개해서 복잡하게 들리지만 이제 추가적으로 12시간 리듬도 언급해보겠다. 우리의 혈압이나 맥박 수는 24시간 내에 두 번 저점에 도달한다. 이른 오후와 늦은 밤에 말이다. 이런 패턴에 서캐디안 리듬(하루 주기)이 중첩되어 밤에는 추가적으로 모든 수치가 떨어지므로, 밤의 저점은 시에스타(점심식사 후 잠깐 자는 낮잠) 시간의 저점보다 더 떨어진다.

집중력과 정신 능력도 비슷한 패턴을 따른다. 밤에는 최저 수준으로 떨어졌다가 오전에 가파르게 치솟아 정오 직전 하루의 첫 번째 정점에 이른다. 그리고 나서 소위 시에스타 저점에 도달한다. 많은 사람들이 이 시간에 낮잠을 자는 건 다 이유가 있다. 그 뒤 오후로 넘어가면서 우리는 다시 높은 집중력을 발휘하다가 늦은 저녁이 되면 서서히 밤 모드로 옮겨가고, 이후에는 대부분의 시간이 수면에 할애된다.

시에스타, 낮잠, 파워냅

앞서 살펴보았듯이 90분, 4시간, 12시간, 24시간의 사이클이 우리의 체내 시간을 결정한다. 이런 사이클들의 주기는 서로 중첩되며, 그 중에서 서캐디안(24시간 주기) 리듬이 가장 우세하다. 이를 이해한다면 복잡한 시간생물학적 지도로부터 휴식에 대한 일반적인 지침을 이끌어낼 수 있다. 즉 일을 하면서 90분에 한 번씩 짧은 작전타임 시간을 가지는 것에 더하여, 하루 서너 번 식사시간을 기준으로 충분한 휴식을 취해주어야 한다.

일과시간에 신체를 움직일 기회가 적은 사무실 근무자라면 이런 휴식시간을 햇빛 받으며 걷거나 몸을 충분히 움직여주는 데 활용해야 한다. 물론 편안히 쉬어주는 것도 좋다. 아무튼 시에스타(즉 눈을 붙이든 안 붙이든 간에, 중간에 일을 중단하고 푹 쉬어주는 것)는 자연이 원하는 것이다. 그것은 능률과 창조성을 높여주고 건강을 선물해준다. 고용주는 직원들에게 충분한 점심시간을 마련해주는 편이 자신의 사업에도 이득이 된다.

하지만 유감스럽게도 현재의 트렌드는 반대로 가고 있다. 수백 년 간 시에스타 문화를 지켜온 스페인이나 그리스 같은 나라들도 이제 경제적 유익을 도모하고자 관습을 바꾸어 시에스타 시간을 주지 않고 계속해서 일하도록 독려하는 추세다. 그러나 몇 년 전 그리스에서 실시한 설문조사는 현재 잘못된 추세로 나아가고 있음을 환기시켰다. 그 조사에 따르면 정기적으로 시에스타 시간을 가진 사람들은 그렇지 않은 사람에 비해 심근경색 발병률이 낮았다.

시에스타 시간에 잠을 잘 수 있다면 금상첨화다. 밤베르크의 수면 의학자 괴란 하야크는 〈슈피겔〉 온라인과의 인터뷰에서 "졸린데 자지 않으려고 애쓰는 것 자체가 스트레스"라며, 여건만 된다면 낮잠을 자는 게 좋다고 말했다. 그는 시에스타 시간에 생체활동이 저점에 이르는 것을 생물학적 프로그램이라고 본다. 따라서 그 시간에 최소한 약간의 휴식을 취해주어야 한다고 강조한다.

그러나 하야크 스스로는 때로 30초간 쉬어주는 것으로 만족해야 한단다. 그는 "나는 일하던 그대로 의자에 앉아 잠시 눈을 감는다"고 말한다. 수많은 심리치료에서도 이렇게 잠시 눈을 붙이는 것이 얼마나 큰 효과를 발휘하는지 알아가고 있다. 2013년 보훔의 행동치료사이자 독일심리학회 의장인 위르겐 마르그라프가 발표한 데이터에 따르면, 내담자들에게 심리치료에 이어 잠시 수면을 취하게 했더니 치료가 더 성공적이었던 것으로 드러났다.

소위 "파워냅"은 미국과 영국, 스위스에서 최근 유행이 되었다. 이유는 파워냅이라는 단어 자체에서 드러난다. 냅, 즉 잠시 낮잠을 자는 것이 우리에게 새로운 파워, 힘을 선사해준다는 말이다. 나아가 파워냅이 기억이나 여타 두뇌능력을 도약시키는 것으로 증명되었는데, 앞서 살펴본 뇌파 분석이나 4장에서 언급했듯이 수면이 기억력을 높인다는 사실을 생각할 때 그리 놀랄 일이 아니다.

매일 새벽같이 일어나야 해서 특히 잠이 부족한 사람들은 하루 여러 번 파워냅을 취하거나 점심시간을 이용해 충분히 눈을 붙여주면 좋다. 그러나 낮잠 시간이 20분을 넘기면 깊은 수면 단계로 접어들고, 그러다 보면 잠에서 깬 후에도 한동안 일에 집중하기가 힘들다.

영국의 연구자들은 1997년에 이미 잠시 눈을 붙이고 일어난 뒤 빠르게 잠을 날려버릴 수 있는 방법은 없는지 테스트하였다. 그 결과 낮잠을 자기 직전 한두 잔의 진한 커피를 마셔주면 효과가 있는 것으로 드러났다. 커피를 마신 지 약 20분이 지나야 카페인이 신체에서 효과를 발휘한다. 따라서 커피를 마신 직후 눈을 붙이면 적절한 시간에 카페인이 우리를 다시금 깨워준다는 논리다.

꽤 유명한 아인슈타인의 열쇠도 추천할 만하다. 하루에 여러 번 꾸벅꾸벅 졸곤 했다는 이 물리학 천재는 그럴 때마다 열쇠 꾸러미를 손에 든 채 잠깐 눈을 붙임으로써, 잠이 너무 깊어지면 손에서 열쇠가 떨어져 쨍그랑 소리가 나도록 했다고 한다. 깊은 수면에 들어가면 근육이 이완되는 원리를 이용한 것이다. 이런 방법으로 아인슈타인은 늘 적절한 시간의 파워냅을 취했다고 전해진다.

제틀록Jetlog이라는 회사는 열쇠 꾸러미 떨어지는 소리가 무안할 사람들을 위해 체면을 살릴 수 있는 아이디어 상품을 제공한다. "고폴라"라는 이름의 흰색 작은 쿠션이 그것인데, 파워냅에 들어갈 때 고폴라를 손에 들고 있으면 근육이 이완되자마자 고폴라가 가볍게 진동해서 부드럽게 사람을 깨워준다. 가격은 199유로다.

파워내핑 시장은 빠르게 성장하고 있다. 슈투트가르트 대학교 건축과 학생들은 2004년에 이미 나팍이라는 이름의, 사무실에서 풍선처럼 불어서 사용할 수 있는 예쁜 미니침실을 만들었는데 유감스럽게도 상품화하지는 못했다. 반면 냅쉘이라는 회사는 이런 아이디어에 착안해 아늑하고 조그마한 "360도 휴식공간"을 만들어 졸음이 오면 그 안에 들어가 잘 수 있도록 하고 있다. 둥그스름한 디자인에 지붕(덮개)까지 달린 세련된 디자인이다. 사무실 공간이 넉넉하다면 구석에 세워놓아도 데코 요소로 손색이 없다.

그런가 하면 미국의 가구업체인 해마허 슐레머는 우주비행사 헬멧에 쿠션을 넣은 것 같은 모습의 파워내핑 베개를 생산하고 있다. 이 헬멧은 소음과 빛을 차단해줄 뿐 아니라 졸다가 머리를 부딪히는 것도 막아준다고 한다. 또 하나의 하이라이트는 치과에서 치료를 받을 때 눕는 의자를 연상시키는 에너지파드다. 머리 부분에 소음과 빛을 차단해주는 둥근 모자 같은 것이 있어 낮잠을 자기 전에 그것을 쓰면 된다.

파워내핑 붐을 보여주는 게 이런 발명품들만은 아니다. 스위스의 호텔들은 밤새 근무한 사무실 직원들이 몇 시간 동안 잠을 잘 수 있도록 낮에 시간제로 방을 빌려주며, 공공 휴식장소나 잠자리를 구비하는 공원도 점점 늘고 있다.

하지만 문제는 이런 서비스를 이용하는 사람들이 거의 없다는 점이다. 우리가 낮잠과 친하지 않은 이유는 좀더 복잡하기 때문이다.

현명한 이익 산출공식

공공장소에서 잠을 잔다고? 일본인들에게는 문제가 되지 않는다. 전철에서, 책상 앞에서, 카페테리아에서, 공원 벤치에서, 심지어 중요한 컨퍼런스나 콘서트장 등 곳곳에서 잠을 자는 일본인들을 볼 수 있다. 한창 의회에서 토론이 벌어지고 있는데 총리가 조느라 야당의 주장을 못 들었다 해도 그리 나쁘게 생각하지 않는다.

옛날 일본의 사무라이들은 일본어로 이네무리라 불리는 말뚝잠(꼿꼿이 앉아서 자는 잠) 비슷한 것을 고안하였다. 사무라이들은 자신들이 섬기는 봉건제후(다이묘)에게 자신이 동시에 두 가지를 할 수 있다고 말하였다. 잠을 자는 동시에 정신적으로 깨어있는 것. 그렇게 그들은 다이묘의 저택 앞에 앉아 손에 칼을 든 채 잠을 잤다. 눕는 것만은 허락되지 않았다. 제후들이 단잠을 자는 동안 그들은 절대로 정신줄을 놓지 않은 모습을 보여야 했다.

일본인이 낮잠 자는 사람들을 좋게 생각하는 데에는 이런 배경이 있다. 일본인들은 낮잠 자는 사람을 게으르게 생각하지 않는다.

많은 일본인들는 직장까지 먼 거리를 출퇴근하고 근무시간도 길다 보니 밤잠을 6시간 정도밖에 자지 못한다. 그리하여 출퇴근길 전철 안에서 모자란 잠을 만회한다. 직장에서도 왕왕 잠을 잔다. 비어있는 뒷방에 숨어서 자기도 하고, 회의시간에 드러내놓고 자기도 한다. 케임브리지 대학교의 일본학 교수 브리기테 슈테거에 따르면 "평소에 일을 많이 한다는 인상을 주었다는 전제 하에, 일본인들은 심지어 낮잠을 자는 걸로 자신이 특히 열심히 일하는 사람이며 일을 위해 밤잠마저 줄였음을 보여준다."

일본인들이 고용주에 대해 강한 의무감을 느끼면서도 한편으로는 일과시간에 종종 눈을 붙이고 조는 게 얼핏 모순되는 것 같지만, 이런 시각으로 보면 그리 이상하지 않다. 윗사람들은 이네무리를 전략적으로 투입하기도 한다. 부하 직원들이 회의에서 보고를 할 때면 상사들은 그 직원의 부담을 덜어주기 위해 종종 잠자는 척한다.

중국에서도 낮잠은 자연스런 문화에 속한다. 과거 중국의 대기업은 업무시간에 강제로 휴식을 끼워넣어 그 시간에 모든 직원들이 책상에 엎드려 몇 분간 잠을 자도록 했다.

낮잠 시간 점심시간을 이용해 잠시 낮잠을 자고 있는 중국 여성 노동자들

하지만 아시아 지역 역시 현대화가 낳은 오해로 말미암아 낮잠에
대한 호의 어린 시선이 줄어들고 있다. 일본학 연구자 슈테거는 전철
안에서 잠을 자던 시간마저 이제 스마트폰을 만지작거리는 모습으로
대체되고 있다고 말한다.

서구의 현대기업들은 반대 추세로 나아가고 있다. 그들은 동아시
아의 낮잠 문화를 배우고 싶어한다. 하지만 아직도 낮잠을 자거나 잠
시 아늑한 휴식을 누리면서 일에 신경 끄는 사람은 게으르다는 잘못
된 믿음이 지배적이다. 가령 베를린의 샬로텐부르크-빌머스도르프

구청은 2007년 직원들을 위한 휴식공간을 만들려고 했다가 직원들의 반대에 부딪혀 계획을 접었다. 지역 주민들이 좋지 않은 눈으로 보지 않을까, 우려했던 것이다.

이 해프닝은 사회 전반적인 분위기가 개선되지 않고는 지역적으로 낮잠을 장려하는 것이 별 의미가 없다는 사실을 잘 보여준다. 동료, 상사, 고객, 친구, 친척들이 비아냥거리는 농담과 함께 좋지 않은 시선을 던지는 한, 아무리 좋은 시설이 마련되어도 거리낌 없이 낮잠을 자러 가거나 책상에 엎드려 잠을 청하지 못할 것이다.

마음이 편안해야 눈도 붙일 수 있다. 파도 소리가 들리는 아늑한 휴식공간을 마련하는 것보다 사회적으로 그런 휴식을 용인해주는 분위기야말로 직장인의 마음을 훨씬 더 편안하게 만든다. 따라서 언젠가 파워내퍼들이 기업이나 국민 경제에 기여하는 바가 크더라는 사실을 깨닫고 그들을 "난사람"으로 존중하게 될 때, 직장인들은 무리 없이 파워내핑에 동참할 수 있을 것이다. 그러면 모두가 양심의 가책 없이 전화를 돌려놓거나 조용한 음악을 켜거나 사무실 문에 표지판을 내걸고 편안하게 다리를 책상에 올릴 수 있을 것이다.

이러한 분위기가 조성되어야만 우리의 두뇌도 출력을 다운시켜 신경계가 자연스럽게 수면 모드로 전환한다. 그런 연후에 실제적인 수면으로 들어가기 위한 최종 방법으로 점진적 근육이완법이나 자율훈련법, 명상과 같은 이완법들을 의도적으로 투입하면 더 좋을 것이다.

이와 관련하여 독일의 한 관청이 직원들의 휴식을 도모해 좋은 성과를 거두고 마침내 사회적 인정을 얻어낸 사례가 있다. 바로 니더작센 주의 베히타 시청 사례다. 시청 측은 2000년에 이미 20분간의 추가적인 휴식시간을 직원들에게 허락하였고, 베를린의 동료들과는 달리 이곳 직원들은 기꺼이 실험에 응하였다. 그 시간에 잠시 산책을 하거나 침낭을 펴고 사무실에서 눈을 붙일 수도 있었다. 그러자 이 시청에는 의심의 눈길과 함께 언론의 관심이 쏟아졌다. 하지만 비판자들은 입을 다물고 말았다. 다른 어떤 관청보다 병가를 내는 직원 수가 적었고 근무 분위기도 아주 좋았기 때문이다. 더구나 그 어느 곳보다 적은 인력으로 많은 일을 수행하는 것으로 나타나자 최고경영자들은 물론 경제학자들까지 주목하기 시작했다.

루드비히하펜에 있는 글로벌 화학회사인 바스프BASF는 이미 직원들에게 파워내핑 세미나를 통해 이완법을 가르치고 있으며, 취리히의 구글은 흔들의자, 색치료실, 수족관, 어두침침한 휴게실 등 편안한 환경을 조성하면서 창조적인 잠재력을 이끌어내고 있다.

유니레버 함부르크 지사 역시 마사지 의자와 편안한 음악을 제공하는 등 직원들을 위한 휴식의 오아시스를 마련하고 있다. 휴식을 통한 긴장 이완이 "건강에 매우 중요하다"는 사실을 인식했다는 회사소속 의사 올라프 차르네즈키는 신문과의 인터뷰에서 스트레스가 만성이 되어서는 안 된다면서, 무엇보다 휴게실은 직원들이 눈을 붙이거나 휴식을 취하며 긴장을 푸는 것에 대해 회사가 높이 평가하고 있음을 보여주는 상징적인 시설이라고 말했다. "그런 조치는 수면의 탈범죄화라고 부를 수 있다"고 덧붙이면서.

　베를린의 수면의학자 잉고 피체는 이런 긍정적인 사례에도 불구하고 여전히 많은 기업들이 휴게실을 마련하지 않는 것을 "대단히 근시안적인 일"이라고 일갈한다. 그는 소음이 차단된 진짜 휴게실, 다양한 조명시설, 긴장 이완을 위한 특별서비스를 제공하는 회사는 거의 없다고 개탄한다. 어쨌든 피체가 베를린 국립발레단과 공동으로 설계한 공간은 거의 이상에 가깝다. 물론 이런 공간을 만들기 전에 발레단원들이 일상에서 알게 모르게 만성 수면부족에 시달린다는 사실을 보여주는 연구가 선행되었다. 게다가 발레단원들은 자신의 실제 수면시간을 늘려서 말하는 경향이 있고, 초연 전에는 특히 잠을 제대로 자지 못하는 것으로 나타났다.

　단원들은 이제 생각을 바꾼 것이 틀림없다. 피체는 "휴식공간은 빌틈이 없다"고 말한다.

휴식의 열한 가지 유익

휴식의 도움으로 일의 능률을 높이는 것이 얼마나 간단한지를 인정하고 맛보는 대신 우리는 과중한 일과 외부에서 요구하는 속도에 치여 살아간다. 많은 이들이 일을 줄이고, 속도를 낮춰야 한다고 목소리를 높인다. 맞는 말이다. 그러나 그것은 본래의 문제를 해결하지 못한다. 인간은 휴식 없이 하루 종일 일하도록 만들어지지 않았다. 일을 많이 해야 한다면, 아무것도 하지 않은 채 푹 쉬는 시간을 곁들이는 것이 필수다.

웨이크업 플랜 7에서는 휴식 자체보다 사회정치적으로 하루에 여러 번 휴식시간을 자유롭게 선택할 수 있는 분위기를 만드는 데 중점을 두고자 한다. 이것은 인력을 활용하는 세련된 방법일 뿐 아니라, 현대인의 질병을 예방하기 위해 중요한 요소이다.

슈투트가르트 소재 프라우엔호퍼 노동경제 및 조직 연구소의 마틴 브라운은 직원들에게 낮잠을 잘 수 있도록 해주는 고용주에게 많은 관심을 가지고 있다. 마틴 브라운은 2014년 1월 〈쥐드도이체벤 차이퉁〉과의 인터뷰에서 이와 관련한 딜레마를 다음과 같이 지적했다.

안녕히 주무셨어요?

"잠이 중요할 뿐 아니라 낮잠이 용인되는 기업문화를 만들어가는 것도 중요하다."

낮잠이 주는 유익에 대해 누구보다 잘 아는 수면의학자 괴란 하야크마저 이미 언급한 〈슈피겔〉 온라인과의 인터뷰에서 자신도 30초 이상은 쉴 수가 없음을 인정한다면서 은근히 스스로 얼마나 바쁘게 일하는지 강조한 것을 보면, 바람직한 분위기를 조성하는 일이 얼마만큼 큰 과제인지 알 수 있다.

두루두루 낮잠이 용인되는 휴식 문화가 조성되기까지는 아직 갈길이 멀다. 여기 바람직한 분위기로 나아가기 위한 첫 걸음들을 제안해본다.

- 잠시 눈을 붙이거나 밖에 나가 햇볕을 쐬는 등 적절한 시간에 적절히 쉬어주는 것이야말로 정신적 능률을 높이는 지름길임에도 불구하고 자주 휴식을 취하는 사람은 게으르다고 여긴다. 이 편견을 깨야 한다. 휴식은 자신과 자신의 주변에 유익을 준다.

- 낮잠을 용인하는 분위기가 만들어져야 한다. 낮에 잠깐 눈을 붙임으로써 모자란 밤잠을 만회하고 두뇌의 작업을 도울 수 있다는 사실은 오래 전에 증명되었다.

- 기업과 관청, 학교는 일과 학습에 더 리듬감을 부여해야 한다. 휴식을 취하는 사람의 업무능력은 결코 떨어지지 않는다. 휴식은 집중력과 능률을 높여주며, 건강에 도움이 된다.

- 앞으로 기업들은 파워냅(직장에서 언제든 원하는 시간에 잠시 눈을 붙이는 것)을 의도적으로 권장하고, 휴게실을 마련하여 도움을 주어야 한다. 단 억지로 잠을 재우는 분위기가 되어서는 안 된다. 많은 사람들은 잠시 쉬어주는 것만으로도 충분하다.

- 고용주들은 직원들이 이완 훈련이나 의도적으로 신경을 끄고 쉴 수 있는 방법을 배우도록 도와주어야 한다.

- 기업의 수뇌부가 휴게실을 드나들고 이완법을 배우는 등 솔선수범하는 것이 가장 좋다.

- 고도의 집중이 요구되는 활동을 할 때는 20분에 한 번씩 잠시 쉬고, 기본적으로 80분~100분에 한 번씩 제대로 된 휴식을 취해야 한다. 하루 8시간 업무에서는 최소한 긴 휴식시간을 한 번 넣어줄 의무가 있다. 점심시간을 넉넉하게 주어 마음 놓고 점심을 먹을 수 있도록 하는 것이 좋다.

8장

제때 먹고
일하고 자라

나와 내 아이의 시계 유전자

시간생물학의 창시자 중 한 명인 독일 생리학자 에르빈 뷔닝은 콩 연구를 통해 이 식물이 주변을 계속 밝게 해주어도 야외에서처럼 약 24시간 간격으로 잎을 열거나 닫는다는 사실을 밝혀냈다.

나아가 80년 전에 이미 몇몇 콩은 외부의 시간 신호자가 없는 경우 23시간 리듬을 보이고, 다른 콩은 26시간 리듬으로 잎을 연다는 사실을 관찰했다. 이에 착안하여 잎을 여닫는 리듬 차가 큰 두 식물을 서로 교배해보자는 생각 아래 시간생물학적인 "혼혈"을 탄생시키기에 이르렀다. 즉 생체시계의 템포가 부모의 중간 정도인 25간 리듬으로 움직이는 콩을 만들어낸 것이다.

이런 실험을 통해 뷔닝은 "생체시계는 유전적 기초를 가지고 있어

유전된다"는 혜안적인 결론을 내렸다. 그의 발언은 아주 옳은 것으로, 콩뿐 아니라 인간에게도 적용된다.

당시 학자들은 유전자가 어떻게 생겼는지 아직 알지 못했으며, 유전분자인 DNA도 알려져 있지 않았다. 그러나 머리칼이나 눈 색깔, 키나 귓불의 크기 같은 특징들이 부모에게서 자녀에게로 전달된다는 점만은 확실히 알고 있었다. 중요한 점은 자녀들이 (정확히 콩처럼) 엄마 아빠 유전자를 반반씩 받는다는 사실이다. 그리하여 자녀들의 유전적 특성은 최소한 이론상으로는 대부분 부모의 혼합이다.

20세기 중반 미국 콜드스프링 하버에서 열린 한 학회에서 전 세계 연구자들은 생체시계의 유전적 기초를 연구하기 위해 '시간생물학'이라는 학문을 창시하였다. 이때 이미 학자들은 콩뿐 아니라, 많은 다른 모델생물을 연구하고 있었다. 그중 자낭균류인 붉은빵곰팡이 속(노이스포라 속Neuspora)은 오늘날까지 인기있는 연구대상이다. 노이스포라는 하루 한 번 자낭 포자를 만들어낸다. 하지만 느리게 가는 생체시계를 가진 노이스포라들은 외부의 시간 신호가 없는 경우 다른 노이스포라들이 여섯 번 자낭 포자를 만들어내는 동안에 네 번만 만들어낸다.

연구자들은 이와 비슷하게 개체에 따라 생체시계가 약간 느리거나 빠르게 가는 현상을 초파리, 쥐, 나아가 인간에게서도 관찰하였다. 그리고 유전자상의 어떤 차이가 이렇듯 서로 다른 시간감각을 초래하는지를 열심히 찾았다.

오늘날 우리는 실제로 저녁형 혹은 아침형 인간으로 만들어주는 것이 개개인의 유전자적 특이성 때문임을 알고 있다. 그리고 여러 개의 유전자가 생체시계의 템포에 관여함으로써 대다수 사람들은 중간 정도의 시간 유형을 지닌다는 사실도 안다. 우리는 부모에게서 몇 개의 "빠른" 버전의 유전자와 "느린" 버전의 유전자를 물려받는다. 생체시계의 템포를 늦추거나 빨리 돌아가게 하는 유전자들만 지닌 경우는 굉장히 드물다.

그러나 학자들이 생체시계의 첫 "톱니바퀴"를 발견하기까지는 매우 오랜 시간이 걸렸다. 그러니까 지금으로부터 약 30년 전에야 가능한 일이었다.

우선 시간생물학자들은 초파리에게서 피어리어드Period 유전자와 그 유전자가 활성화될 때 각 세포에서 발현되는 피어리어드 단백질을 발견했다. 어떤 유형의 피어리어드 유전자(우리 인간도 이와 비슷한 유전자를 가지고 있다)를 물려받았느냐에 따라 초파리는 외적 영향이 없을 경우 생체시계가 늦어지든 빨라지든 한다. 당시 연구에서 센세이션을 일으켰던 것은 피어리어드 유전자에 결함이 있을 경우 그 동물은 차츰 생체리듬을 잃게 된다는 사실이었다. 오늘날 학자들은 인간도 마찬가지임을 알고 있다. 나아가 피어리어드가 이런 작용을 하는 유일한 유전자는 아니라는 사실도.

그 이래 생체시계를 둘러싼 지식은 폭발적으로 증가하고 있다. 차츰차츰 인간의 모든 기관에, 마침내는 인간의 모든 세포에 자신의 시계가 있음이 알려졌다. 생화학적 시계의 톱니바퀴 장치처럼 서로 영향을 주는 여러 유전자들의 오르락내리락 하는 리듬이 생체리듬에 박자를 부여한다.

오늘날 연구자들은 인간에게서만 12개의 시계 유전자를 발견했다. 여기에 조절자로서 생체시계의 속도와 강도를 이 방향 혹은 저 방향으로 옮기는 유전자도 20개가 있다. 시계 유전자에 의해 암호화된 다양한 단백질이 어느 정도 시간차를 두고, 적잖이 직접적으로 자신의 산물을 억제하는 동시에 서로서로를 뒷받침하는 덕에 안정적이고 규칙적인 리듬이 생겨난다. 세포의 분자생물학이 서로서로 맞물리는 것은 상당히 복잡한 과정이지만, 그것은 시계의 톱니바퀴 장치와 맞먹는 정확성을 갖고 작동한다.

그밖에 외부의 신호가 언제든지 세포의 생화학에 개입해 세포 내 시간감각을 앞당기거나 뒤로 밀어낼 수 있다. 중뇌에 있는 중추시계의 경우 이런 신호는 무엇보다 빛에 민감한 눈의 멜라놉신 세포로부터 나온다. 신체 곳곳의 장기활동 또한 중추시계에 영향을 미친다.

중뇌는 다시금 강력하게 신체에 신호를 보낸다. 신호들은 그곳에서 생체시계의 조절을 담당한다. 밤의 메신저인 멜라토닌과 아침의 메신저인 코르티솔 같은 호르몬이 그런 신호들이다. 때로는 두뇌가 신경 자극을 통해 시간 신호를 보내기도 하고, 한 조직 안에서 이웃한 여러 세포들의 리듬이 서로를 부추기며 돕기도 한다.

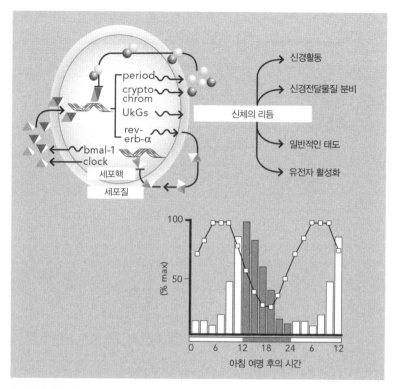

유전자 속의 시계추 단순화시킨 세포의 분자생물학적 시계장치 모델. 단백질 복합체(bmal-1과 clock)가 여러 유전자를 활성화시킨다. 여기서 생겨난 단백질은 직접적으로 그 자신의 산물(피어리어드Period와 cryptochrom이나 bmal-1과 clock의 산물rev-erb-a)을 억제한다. 다른 많은 유전자들은 같은 신호에 반응하여 자신들의 활동을 조절한다. 이런 "시계에 의해 통제된 유전자"(UkGs) 산물은 신체 곳곳에서 리드미컬한 과정을 유발한다. 아래쪽 그래프는 하루 동안의 피어리어드 유전자(왼쪽) 활성화의 변동과 그것을 통해 생산되는 피어리어드 단백질의 양을 나타낸 것이다. 지금까지 12개의 시계 유전자가 알려져 있다.

시계 단백질이 많아졌다 적어졌다 하는 것은 아무 목적 없이 그러는 게 아니다. 시계 단백질은 분자 시계장치에서 중요한 역할을 한다. 그들은 세포에 시곗바늘 역할을 한다. 다시 말해 대부분의 유전물질에 대한 명령권자가 되는 셈이다. 세포 내에 특정 시계 단백질이 더 많이 존재할수록 그 단백질이 여러 곳에서 유전분자 DNA와 더 많이 연결되고, 세포가 약 2만 3,000개의 유전자 중 어떤 것을 활용하고 활용하지 않을지를 직접적으로 결정할 수 있기 때문이다.

그리하여 우리 신체의 모든 부분은 보통 지금 시간이 몇 시인지를 정확히 안다. 이 과정에서 세포의 시계는 우리가 하루를 지내는 동안 가장 깊은 내부에서(무수한 세포의 아주아주 작은 세포핵 안에서) 체계적이고 주기적으로 변화를 만들어내게끔 해준다.

2013년 미국의 여성 생물학자 후다 아킬은 죽은 사람의 세포 안에서 생명의 리듬을 감지하였다. (2부에서 이미 이야기했지만) 죽은 순간에 유전자 활동이 동결되어, 모든 세포에 위치한 시계가 고유의 중요한 과제를 수행하고 있음을 확연히 보여주었던 것이다. 진화과정에서 밤과 낮이 계속 교대되는 이 지구라는 행성에 적응하다보니 우리는 변화하는 시계가 되었다. 우리 몸은 부분적으로는 서로를 거슬러, 부분저으로는 서로 함께, 부분적으로는 서로에 대해 독립적으로 작동하는 시스템의 집합체이다.

사이클이 서로 잘 맞을 경우 이런 시스템은 우리에게 많은 유익이 된다. 커다란 톱니바퀴 장치가 서로 잘 돌아가는 상황은 우리를 지속적으로 건강하게 한다. 우리의 저 깊은 내면을 구성하는 생리학적 과정이 정확히 맞물려 돌아가게끔 하기 때문이다.

가령 두뇌가 한편에서는 최고 출력으로 일할 준비를 준비하는데, 다른 한편에서는 잠을 자라고 독촉한다면 어떻게 되겠는가? 에너지를 낭비할 수밖에 없다. 또는 간이 기상하기 바로 전에 혈당치를 높이지 않고 잠들기 바로 전에 혈당치를 높인다면 어떻게 될까? 최근의 연구에 따르면 장기적으로 당뇨병이 생긴다! 현대의 운동선수들이 다음 시합이 열리게 될 시간에 맞춰 훈련하는 이유는 무엇일까? 확실히 더 효과적이기 때문이다.

나는 이 책에서 시간과 함께 하는 삶의 많은 동반자들을 소개하였다. 이제 마지막 하나를 소개할 차례다. 바로 최적의 타이밍에 식사하고 운동하는 것 말이다.

식사와 운동은 세포와 장기의 많은 시계 유전자 활동에 매우 직접적인 영향을 미친다. 그러므로 적절히 투입해야만 생체리듬의 시간적인 균형을 유지하는 데 도움을 줄 수 있다.

문제는 타이밍이다

5년 전 미국 에번스턴 소재 노스웨스턴 대학교의 생물학자 디애너 애블과 조지프 바스의 실험실에는 작고 보잘것없어 보이는 쥐 몇 마리가 살았다. 연구자들은 이 쥐들을 아주 잘 돌보아주었다. 쥐들로서는 아무것도 부족하지 않았다. 무엇보다 애블과 바스는 이 작고 귀여운 포유류에게 먹이를 아주 풍성하게 주었다 그리하여 자세히 살펴본 사람들은 이 쥐들이 약간 비만이 되었음을 포착해냈다. 그들의 평균 몸무게는 30그램 정도였다.

하지만 실험실에 거주하는 쥐들은 이들만이 아니었다. 밤 당번 연구자는 두 번째 그룹의 쥐들을 돌보았다. 이 쥐들은 위에 소개한 첫 그룹과 같은 월령이었고, 동일한 조건에서 살았다. 똑같은 관심과 먹이를 얻었고 똑같이 활발히 움직였다. 이 두 그룹의 유일한 차이는 먹이를 먹는 타이밍이었다. 첫 그룹은 그들의 체질을 거슬러 낮에 먹이를 먹고 활동한 반면 두 번째 그룹은 원래 체질대로 밤에 깨어 먹이를 먹고 활동한 뒤 낮에 잠을 자도 되었다. 칼로리 공급과 에너지 소비가 첫 그룹과 동일했음에도 불구하고, 야간에 활동하는 쥐들은 평균적으로 5그램 정도 체중이 덜 나갔다. 전체 체중의 5분의 1에 해당하는 수치였다.

자, 이제 독자들은 이렇듯 간단하면서도 선구적인 실험이 무엇을 시사하는지 감 잡았을 것이다. 생체의 시간감각에 맞는 타이밍에 먹고 움직일 수 있었던 쥐들은 에너지를 훨씬 잘 활용한 게 틀림없었다. 반면 그렇지 못한 쥐들은 영양을 활용하는 데 문제가 생겨 지방 조직에 많은 양을 저장하였다.

디애너 애블은 "부적절한 시간에 식사를 하면 비만이 되기 쉬운 것으로 보인다"면서 자신의 실험은 교대근무자나 야간근무자들이 다른

안녕히 주무셨어요?

사람에 비해 과체중 비율이 높은 원인을 짐작케 한다고 말한다. "일과 때문에 자연스런 생체리듬에 맞지 않는 시간에 식사할 수밖에 없는 경우" 쥐들뿐 아니라 인간도 뚱뚱해진다는 것이다.

그러는 동안 일련의 동물 실험과 인간을 대상으로 한 연구가 이 미국 학자들의 실험결과를 확인해주었다. 가령 연구자들은 초파리와 햄스터를 대상으로 계속하여 생체시계를 바꾸어 부적절한 시간에 먹이를 먹는 경우 수명이 대폭 줄어든다는 사실을 확인하였다. 인간 역시 부적절한 타이밍에 음식을 먹거나 신체적·정신적 활동을 할 경우, 신체적·정신적 균형을 해친다는 논리에 이의를 제기하는 학자는 이제 거의 없다.

미국 어바인의 분자생물학자로 특히 생체시계에 천착하고 있는 파올로 세이손-코르시Paolo Sassone-Corsi도 생체시계를 교란시킬 경우 "당뇨와 다른 많은 대사증후군 발병률을 높인다"는 점은 오래 전부터 알려진 사실이라고 말한다. 부적절한 시간에 식사하는 행위가 세포 내 유전자 조절을 지속적으로 변화시킴으로써 전신의 균형을 깨뜨린다는 사실은 많은 것을 시사해준다.

세이손-코르시는 후성유전학자이다. 그는 우리의 세포들이 유전자에 부착하거나 제거하는 생화학구조를 연구한다. 후성유전적 조절을 통해 세포들은 유전물질의 어떤 부분들을 이용하고 이용할 수 없는지에 관한 정보를 저장한다. 생물학자들은 이런 시스템을 세포의 기억이라고도 부른다. 세포들은 우리가 언제 얼마만큼 먹는가 또는 언제 얼마만큼 운동하는가 등 긍정적이고 부정적인 정보를 기억해서 환경의 영향에 후성유전적 변화로 응답한다.

낮에만 먹이를 먹은 쥐들의 경우, 식습관은 부정적인 변화로 이르는 첫 걸음이 되었다. 그러나 활동과 식사의 타이밍이 일치하면 세포의 기억을 긍정적이고 건강한 방향으로 변화시킬 수 있다. 그러므로 가장 강력한 빛이라는 요소 외에 다른 방법으로도 체내의 시간감각을 강화하고 안정화할 수 있는 것이다.

세이손-코르시는 많은 시계 유전자들이 하루 동안 세포 활동의 리듬을 조절하기 위해 후성유전학적 스위치 체계를 활용한다는 것을 최초로 발견한 학자 중 하나였다. 각 세포의 아주 많은 유전자들이 하루를 거치며 리듬감 있는 활동주기를 보인다는 사실은 이미 언급했다. 생화학적으로 이런 리듬을 담당하는 것은 후성유전학적 스위치들이다. 그리고 해당 후성유전학적 효소가 특화되어서 일하기 때문에, 세포가 실제로 필요로 하는 유전자만 관여한다. 가령 간은 음식이 들어올 것으로 예상될 때만 소화효소를 생산한다. 인간은 낮에, 쥐는 밤에 말이다.

미국의 내분비학자인 댄 펭은 쥐들이 일반적으로 잠을 자는 낮시간에 간세포에서 후성유전학적 효소HDAC3가 특정한 시계 단백질Rev-erba과 힘을 합쳐 무려 1만 4,000개의 유전자를 일괄적으로 꺼버린다

안녕히 주무셨어요?

는 사실을 발견하였다. 반면 쥐들이 활동하고 먹이를 먹는 밤시간에는 그런 시계 단백질이 없어지고, 이전에 침묵을 유지하던 100여 개의 유전자들이 다시 활성화되었다.

그런데 펭이 후성유전학적 효소를 의도적으로 끔으로써 시스템을 교란시키자 쥐들의 신진대사는 갑자기 엉망진창이 되었다. 세포들은 잘못된 시간에 간의 소화효소를 생산하기 시작했고, 쥐들은 살이 쪘다. 이로써 시간생물학적으로 조절된 토대가 건강의 기초를 이룬다는 것이 증명되었다. 건강한 사람들은 낮 동안 간에 저장한 지방을 밤에 연소한다. 그러나 계속하여 밤을 낮으로 만드는 사람에게서는 이런 균형이 파괴되고 건강에 해가 초래된다.

이제 원이 완결되었다. 앞서 애블과 바스의 실험 대상이었던 쥐들 중 생체리듬을 거슬러 낮에만 먹이를 먹은 뒤 빠른 속도로 살이 불어났던 쥐들은 정확히 이런 문제를 지녔던 것이다. 이제 학자들은 잘못된 시간에 영양을 섭취하는 행위가 간과 지질대사를 엉망으로 만들 뿐 아니라 당대사, 지방산 합성, 콜레스테롤 분해에도 영향을 준다는 사실을 알고 있다.

그밖에도 인간과 동물이 잠을 자는 여러 시간 동안 금식하는 것은 체내의 건강한 균형을 유지하는 데 특별히 좋은 것으로 보인다. 시간생물학자들이 실험 대상 동물에게서 중요한 장기의 체내시계를 파괴했더니 장기들이 제대로 임무를 수행하지 못하는 것으로 나타났다.

췌장세포들이 더 이상 시간을 측정하지 못하면 당뇨가 생기며, 지방세포의 체내시계가 망가지면 병적인 비만이 초래된다.

이런 시나리오를 일상에 적용하면 적절한 시간에 먹고 활동하고 잠을 자는 것이 얼마나 중요한지 분명해진다. 따라서 자연적인 시간관리를 위한 이번 마지막 장의 플랜은 우리로 하여금 잠을 더 잘 자게 만든다.

무엇보다 이런 플랜은 우리를 더 날씬하고 유쾌하게 만들어준다. 장기의 시간감각들이 딱딱 맞아떨어져서 전체적인 생체리듬이 힘차게 진동하기 때문이다. 또한 제시간에 하는 식사는 간접적으로 수면—활동 리듬 주기에 영향을 미쳐서 우리가 잠을 더 달고 깊게 잘 수 있도록 한다.

말초시계들

새천년의 첫 10년은 시간생물학자들에게 그야말로 흥미로운 시기였다. 시간생물학자들은 세포라는 분자시계 장치 속의 새로운 톱니바퀴를 속속 발견했을 뿐 아니라, 모든 기관들을(심지어 세포 하나하나까지도) 고립시켜놓아도 계속해서 (어느 정도) 하루 리듬으로 활동한다는 것을 규명하였다.

그로써 말초시계에 대한 견해가 태동하였다. 두뇌에 있는 중추시계 외에 말초시계들이 존재하며, 이들은 기본적으로 완전히 독립적인 자신의 시간감각을 지니고 있다. 말초시계들은 간, 지방, 장, 근육, 신장, 췌장 등에 존재하며, 사실상 없는 곳이 없다.

말초시계는 모든 장기가 필요할 때마다 활동하도록 해준다. 간과 췌장은 이런 방식으로 늘 적절한 에너지가 당의 형태로 존재하도록 통제한다. 지방조직은 식욕 조절에서 중요한 목소리를 낸다. 근육은 자신들이 에너지를 얼마나 많이 비축해둘지, 또 에너지를 얼마나 소모할지를 조절한다. 신장은 혈압에 영향을 주고 방광을 채우는 속도를 결정한다(정확히 알고자 하는 사람을 위해 설명하자면 신장의 시간감각 덕분에 우리는 보통 밤에 화장실에 가지 않고 내리 자는 것이다).

이 모든 시계는 우리가 그것들을 활용할 때 반응한다. 테니스를 칠 때, 돼지고기를 먹을 때, 물 한 잔을 마실 때, 편안하게 쉴 때, 소화할 시간을 허락할 때, 잠시 눈을 붙일 때…. 언제나 말초시계 몇몇의 리듬이 변한다. 그런 신호들이 생물학적으로 적절한 순간에 주어지느냐 아니냐에 따라 리듬을 강화시킬 수도 약화시킬 수도 있으며, 앞당길 수도 뒤로 미룰 수도 있다.

가령 장의 경우 각각의 시계 유전자 활동은 식사시간과 관련하여 변화한다. 최소한 우리가 규칙적인 시간에 식사를 하면, 소화기관은 언제 최대 노동을 해야 하는지를 계산하고 준비할 수 있다. 부가적으로 각 기관의 시계들은 중뇌 중추시계(마스터클락)의 신호를 받는다.

중추시계는 (이미 여러 번 언급했듯이) 눈을 통해 외부세계와 지속적으로 접촉하면서, 현재 몇 시나 되었는지를 전신에 보고한다.

따라서 앞선 7장의 메시지를 이해하면서 체내의 중추적인 리듬에 맞춰 충분히 잠을 자고, 시간 신호자인 빛을 활용하고, 휴식을 적절히 취해주면, 그것은 두뇌와 호르몬계의 체내시계를 강화하여 수면─활동 리듬을 공고히 할 뿐 아니라 장기들이 복잡한 과제를 수행할 때 시간감각을 유지할 수 있도록 돕는다. 그것이 우리를 건강하게 한다는 사실은 여러 차례 언급했다.

이제 나는 약간 다른 이야기를 하려고 한다. 우리의 생리학은 일방통행을 알지 못한다. 우리의 신체에서 무의식적으로 일어나는 대부분의 일은 늘 닫힌회로 가운데 있다. 그리하여 신체의 모든 움직임은 단순하게 일어나는 것이 아니다. 언제나 두뇌와 호르몬계의 동시 피드백이다.

생각기관(두뇌)은 이 과정에서 모든 것이 제대로 되고 있는지를 감독하고 불가피한 경우 수정신호를 보낸다(정정하라는 신호를 보낸다). 같은 맥락에서 말초시계들 역시 중추시계 속 중추시간 측정세포들의 속도와 강도를 바꾸는 잠재력이 있다. 그리하여 시간생물학적으로 부자연스런 생활방식으로 위의 말초시계들이 균형을 잃게 만들면, 결국 전신의 시간감각이 흔들리게 된다.

시간생물학의 스타 중 한 사람인 미국 댈러스의 하워드 휴즈 의학

안녕히 주무셨어요?

연구소 조지프 다카하시는 2010년에 이미 "잘 작동하는 말초시계의 대사 과정은 환경의 요구와 동시진행한다(동기화된다)"는 사실을 인식하고 〈사이언스〉에 관련 내용을 발표하면서 그것은 "건강한 신체에 매우 중요하다"고 말했다.

다카하시에 따르면 햇빛에 의해 조절되는 두뇌 안의 중추 생체시계들은 무엇보다 우리가 잘 것인가 깨어서 활동할 것인가를 결정한다. 나아가 대략적인 식사 타이밍을 조절한다. 반면 우리가 정확히 몇 시에 식사를 하는지, 얼마나 기름지고 탄수화물이 풍부한 식사를 하는지, 어느 때 음식을 먹지 않는지, 어느 때 특히나 몸을 많이 움직이고 어느 때 쉬는지 등은 말초시계에 영향을 미친다.

잠을 자지 않고 너무 기름진 식사를 하는 것, 수면을 줄이고 활동주기(각성 주기)를 연장시키는 것, 밤에 운동을 하는 것. 이로 인해 유발되는 대사 장애 및 인슐린 불감증은 결과적으로 우리의 리듬을 변화시키거나 리듬의 진폭(주기의 진폭)을 약화시킨다. 특히 치명적인 것은 당뇨나 지방과다증 같은 여러 질병이 이 과정에서 악순환을 만들어낸다는 사실이다.

그러나 거꾸로 우리는 말초시계 덕분에 적절한 시간에 활동함으로써 혈당치, 혈중지방 농도, 지방산 함량 등 신진대사의 몇몇 기저요소를 좋은 쪽으로 전환시킬 수 있는 보증된(적절한) 수단을 지닌 셈이다.

이런 가능성을 놓쳐버리는 것은 매우 근시안적인 행동이다.

제때 식사를 해야 하는 결정적 이유

현대의 생활방식은 우리 체내 시계장치의 많은 톱니바퀴들을 교란
시킨다. 우리는 종종 늦은 밤에 운동을 하러 피트니스센터에 가거나
야근 후 아주 느긋하게 어엿한 한 끼 식사를 즐긴다. 그것도 칼로리
가 높은 맥주를 곁들여서. 적지 않은 사람들은 저녁마다 중요한 회
식자리에 참석해 풍성하고 기름진 식사를 한다. 그런 자리에는 보통
술도 빠지지 않는다. 교대근무와 장거리 해외여행이 잦아진 건 말할
나위도 없다.

지속적으로 이렇게 살지만 않는다면 뭐, 나쁘지 않다. 하지만 잘못
된 시간에 먹고 운동하는 행동으로 인한 부담이 너무 커지면 체내 생
물학적 리듬의 동시진행이 한순간에 무너질 수 있다. 심지어 정해진
시간에 충분히 자고 햇빛을 적절히 받더라도 말이다. 이 경우 빛과
중뇌(중추시계)는 체내의 말초시계들에게는 예외적으로 중요한 역할
을 하지 못한다.

마스터클락(중추시계)이 작동하지 않는 동물들도 규칙적으로 먹이
를 주면, 특정 리듬에 잘 적응할 수 있다. 많은 맹인들 역시 빛을 감
지하는 멜라놉신 세포들이 없을지라도 온전한 생체리듬을 유지하고
산다. 아마도 식사시간이 그런 일을 넘겨받는 듯하다. 어떤 사람들에
게는 잠들기 전 멜라토닌 알약을 복용하는 것이 시간 신호로 작용하
듯이 말이다.

베를린의 시간생물학자 아킴 크라머는 "적절한 시간에 식사를 함으로써 생체시계의 진폭을 의도적으로 강화시킬 수 있다"고 말한다. 아킴 크라머 자신은 종종 출장여행 때 이런 효과를 사용해본다. "4일 정도의 짧은 일정으로 샌프란시스코로 여행할 때면, 나는 그곳 시간으로 밤에 '점심'을 먹어요. 내 장기 말초시계의 시간이 달라지지 않도록 말이에요."

반면 캘리포니아에 오래 머물게 되어 시계를 얼른 바꾸어주고 싶을 때는 잽싸게 현지 시간에 맞추어 식사하고 운동을 해야 한다. 가령 나는 지난번 샌프란시스코를 방문했을 때 매일 아침 조깅을 했다(어쨌든 처음에는 너무 이른 시간에 저절로 눈이 떠지니까 말이다). 그리고 풍성한 아침식사를 했다(가장 즐겨 먹은 것은 팬케익이다). 그랬더니 정말로 중추시계와 말초시계에 동일하게 말을 거는(호소하는) 강한 신호들로 말미암아 생체시계가 빨리 전환되었다.

여행을 하지 않고 집에 머물러 있는 사람들이 생체시계를 바꾸지 않고 그 리듬을 더 강화시켜 동시진행을 도모하고자 할 때에도 동일한 메시지가 적용된다. 가능하면 규칙적으로, 늘 같은 시간에 식사하고 운동을 해야 하며, 중간에 간식을 원할 때는 칼로리가 낮은 음식을 먹어야 한다. 시간 플랜을 확정하고자 할 때는 직관적으로 자신의 공복감에 귀기울이는 것이 가장 좋다. 공복감을 느끼는 시간은 개인적인 시간 유형에 따라 달라지기 때문이다.

당신의 가정에서 아빠는 아침부터 배를 **빵빵**하게 채우는데 10대 아들은 아침밥을 입에 대지도 않으려 한다면, 아주 정상적인 일이다. 부디 아침 먹으라고 종용하며 아들을 괴롭히지 말라. 이른 아침에는 청소년의 생체리듬이 두드러지게 느리다는 것을 이미 알고 있지 않은가. 입맛 없는 아이는 **빵** 한쪽이나 요구르트 하나 먹는 것으로도 충분하다. 나중에 학교에서 수업을 하다 보면 비로소 식욕이 돌고 푸짐한 식사를 할 마음이 생길 것이다. 청소년 장기의 시곗바늘이 드디어 아빠가 아침 먹을 때의 위치에 다다른 것이다.

결국 식욕이 진정되면 간도 그것을 느낀다. 음식 섭취가 장기의 시계에 미치는 중요한 영향을 연구하는 취리히 대학교의 분자생물학자 미카엘 호티거는 "말초기관의 생체시계와 신진대사는 여러 면에서 직결되어 있으며, 많은 활성화 효소의 작용은 대사 산물에 의해 좌우된다"고 말한다. 보조기질cosubstrate NAD+와 Acetyl-CoA 등의 신진대사 산물 농도는 식사를 하느냐 굶느냐에 따라 현격하게 차이가 나며, 이것이 다시금 분자 시계장치를 변화시킨다는 것이다.

그리하여 호티거에 따르면 오전에 햇빛으로 나가기 전에 에너지가 풍부한 아침식사를 해주어야 하며, 점심도 넉넉히 먹어줘야 한다. 이것은 자연적인 리듬을 이상적으로 뒷받침한다. 반면 저녁 늦게 탄수화물이 풍부한 음식을 먹는 것은 이 리듬을 뒤로 늦춘다고 한다. "그러면 간은 지금이 밝은 대낮인 줄 알아요."

따라서 가까운 시일 내에 야간근무를 하거나 서쪽으로 멀리 해외 여행을 가지 않는 한, 늦은 저녁 칼로리가 높은 식사를 하는 것은 아주 좋지 않은 행동이다.

반대로 제때에 하는 식사는 다이어트에도 도움이 된다. 하버드 대학교의 프랭크 쉬어가 2013년 다이어트 플랜의 도움으로 체중을 감량하려는 스페인 사람 420명을 대상으로 연구한 결과, 모두가 동일한 음식을 먹고 운동량도 비슷하고 거의 같은 수준으로 잠을 잤음에도 불구하고 오후 3시 이전에 점심식사를 했던 절반의 사람들은 다른 절반 그룹에 비해 빠르고 지속적으로 살이 빠졌다.

최근의 다른 연구에서 쉬어는 거의 불가능할 듯한 실험을 시도하였다. 열두 명의 실험 대상자들로 하여금 13일간 실험실에서 살게 하였는데, 엄격한 규칙에 따라 순수 식욕 리듬을 다른 시간 리듬과 분리하여 식욕 리듬만을 독립적으로 관찰한 것이다. 이를 위해 실험 대상자들은 외부의 시간과 관계없이 계속 어두침침한 빛 아래 살면서 상당히 짧은 시간적 간격을 두고 규칙적으로 잠자고, 활동하고, 간식을 먹어야 했다.

쉬어에 따르면 "실험 막바지가 되자 모든 참가자의 활동시간과 식사시간이 밤과 낮에 동일하게 분포하였다." 그리고 이런 행동은 생체시계로부터 점점 더 분리되었다. 낮의 빛이나 마지막으로 식사를 한 시점 같은 요인들은 더 이상 실험 대상자들의 식욕에 영향을 미치지 않았다. 다만 내면의 직관적인 시간감각에 의해 조종되는 것으로 추정되는 결과는, 실험 대상자들은 아침 8시에 가장 식욕이 없었고, 저녁 8시경에 가장 식욕이 좋았다는 사실이었다.

따라서 우리가 보통 아침에 배고픔을 느낀다면, 그것은 잠을 자는 긴 시간 동안 아무것도 먹지 않은 탓일 뿐 말초시계의 영향이 아니다. 그와 달리 저녁에 식욕이 높은 것은 해당 장기 체내시계의 직접적인 영향으로 보인다. 이런 설비는 아마도 우리의 조상들이 다가오는 밤과 다음날 낮을 위해 요긴하게 에너지를 비축할 수 있도록 도와주었던 것 같다. 하지만 냉장고에 먹을거리가 가득한 우리에게는 늦은 저녁에 많이 먹는 것은 기껏해야 비만을 유발할 따름이다.

게다가 현대의 라이프스타일로 말미암아 졸음이 오는 시간이 점점 늦어지는 경향이 있다. 우리 조상들의 경우 체내 식욕 시계도 지금보다 더 일찌감치 앞당겨서 진행되었을 것이다.

따라서 말초시계를 어느 정도 석기시대 방향으로 되돌려주는 게 좋을 듯하다.

아침엔 에너지를, 저녁엔 영양을

산업국가의 국민들은 수십 년 전부터 결말은 아직 열려있는 어마어마한 셀프 실험을 하고 있다. 거의 밤낮을 가리지 않고 이어지는 인공조명, 사무실 노동, 음식, 미디어 소비는 그들이 자연의 시간 신호에 접근하는 것을 어렵게 만든다.

미국 펜실베이니아 대학교의 시간생물학자이자 중요한 시계 유전자인 rev-erb-a를 발견한 미치 라자르는 자연적인 리듬에 따라 활동할 때 오랫동안 건강을 유지할 수 있음을 굳게 확신한다. 그는 "그렇지 않다면 자연이 왜 생물학적 리듬을 그토록 엄격하게 지구 자전과 연결시켜 놓았겠는가?"라고 묻는다.

웨이크업 플랜의 마지막 부분에서는 많은 장기의 리듬을 자연의 순환과 다시금 밀접하게 연결시키는 것이 중요하다는 사실을 강조한다. 우리의 건강, 업무능률, 컨디션을 위해서 말이다.

● 장기의 말초시계를 위해서는 식사 타이밍이 특히 중요하다. 취리히의 미카엘 호티거는 "아침과 낮에 에너지가 풍부한 식사를 하고, 저녁에는 조금 덜 먹고, 늦은 저녁과 밤에는 아무것도 먹지 않는 사람이야말로 자연

의 리듬에 가장 잘 맞추는 것"이라고 말한다. 그러면 부수적으로 칼로리도 최적으로 연소되어 체중을 유지하기도 수월하다. 우리가 한동안 저녁 늦게 초콜릿이나 과자나 젤리 먹는 걸 포기하면, 얼마 안 가 그런 것들을 먹고 싶은 마음이 생기지 않게 된다.

- 식단 구성도 중요하다. 시간생물학적으로 볼 때 우리는 식사에서 지방 함량을 줄이고, 저녁에는 탄수화물을 더 적게 섭취해야 한다. 이것은 말초시계가 더 강하고, 약간 더 빠르게 진행할 수 있는 좋은 신호가 된다.

- 안타깝지만 심한 비만이나 인슐린저항성(제2형 당뇨의 전 단계)은 체내리듬의 비동기화를 부채질하는 듯하다. 그러므로 몸무게가 너무 늘지 않도록 조심하고, 설탕 음료를 피해야 한다. 바디매스 인덱스(체중을 신장(미터)의 제곱으로 나눈 수)는 무조건 30 이하로 유지하자.

- (누누이 듣는 말이지만) 운동을 많이 해야 한다. 나아가 하루 중 어느 시간에 몸을 움직여줄지도 고려해야 한다. 낮에 신체활동을 하는 것은 말초시계의 리듬을 뒷받침해준다. 반면 밤 운동은 좋지 않다. 아침에 일어나기 힘든 사람들은 의도적으로 아침에 운동을 하면 일어나기가 조금 더 수월할 것이다.

- 많은 운동선수들은 이미 의도적으로 말초시계를 조작할 수 있다. 가령

다음 시합이 열릴 그 시간에 훈련을 함으로써 말초시계가 시합에서 최대의 능률을 낼 수 있도록 하는 것이다.

● 웨이크업 플랜의 다른 모든 팁처럼 여기서도 특별히 중요한 것은, 그리 심각하게 생각할 필요가 없다는 사실이다. 생체시계는 유연하고 많은 것을 용서한다. 생체시계를 거슬러 사는 것이 일상화되지만 않는다면 말이다.

되찾은 시간

(…) 그것은 내가 현재와 과거를 동일시하다가 옮겨가게 되는

단 하나의 삶의 상태에서만 나타나는 존재방식이었다.

그런 상태에서는 사물의 정수를 누릴 수 있었다.

그것은 즉 시간 외적인, 시간을 초월한 상태였다.

_ 마르셀 프루스트 〈되찾은 시간〉 중에서

시간을 벗어나다

현대인은 마르셀 프루스트가 저술한 불후의 명작 《잃어버린 시간을 찾아서》의 일인칭 서술자 "나"와 비슷하다. 현실의 압박에 시달리고, 새 시대의 복합성에 부담을 느끼는 인간. 일에 치이고 높은 기대에 허덕이는 사이 인생의 진정한 꿈과 목표는 어디론가 날아가버리고 가치 없는 삶을 이어가고 있다는 느낌이 스멀스멀 밀려온다.

프루스트의 소설 첫 권은 1913년에 나왔지만, 작품이 던지는 문제는 정말이지 현대적이다. 현대인의 원형이라 할 수 있는 이 소설의 두 번째 주인공 스완은 그것을 가장 선명하게 보여준다. 스완은 본래 후대에 길이 남을 예술작품을 만드는 것이 인생의 목표였지만, 혼란스런 일상에 휩쓸려 꿈을 잃어버린다.

하지만 두 주인공 사이에는 결정적인 차이가 있다. 소설 속 일인칭 화자는 잠을 즐긴다. "오랜 세월 나는 일찌감치 잠자리에 들었다." 화자의 첫 마디다. 조금 뒤에는 "잠자는 사람은 스스로를 맴도는 가운데 시간의 진행, 세월과 세계의 질서를 벗어던진다"고 말한다. 프루스트의 주인공은 깨어있는 것도, 잠자는 것도 아닌 기이한 중간지대에서 에너지와 창조성을 대폭 길어낸다. 이런 상태에서는 시간감각이 사라지며, 그로써 시간을 잃어버렸다는 강력한 인상을 받게 된다.

실제로 우리는 프루스트가 "시간 외적"이라고 부르는(시간을 벗어났다고 부르는) 순간에 무엇이 현재이고 무엇이 과거의 회상이며 무엇이 방금 생겨난 연상인지를 더 이상 구분하지 못한다. 평소에는 엄밀히 구분된 의식의 영역(잠자는 것과 깨어있는 것)이 그의 두뇌 깊숙이에서 한순간 서로 소통을 하기 때문이다. 말하자면 시간을 초월한 (소모되지 않은) 순간들이다.

《잃어버린 시간을 찾아서》는 기억의 책이다. 거기에 적은 많은 생각들이 잠들고 비몽사몽간에 누워있고 깨어나는, '시간 외적인' 상태에서 탄생한 것처럼 보인다. 프라이부르크의 문예학자 토마스 클링케르트는 나아가 프루스트의 주인공이 계속하여 표명하는 "잠, 그리고 잠과 연결된 의식의 변화에 대한 생각들"을 "프루스트 서술의 기본 단위"라고 말한다.

4,000쪽이 넘는 이 소설의 원래 주제는 시간과 잠에 대한 직관적이고 자연스럽고 왜곡되지 않은 접근을 (다시금) 발견하는 것이다. 마르셀 프루스트는 이미 100년도 더 전에 오늘날 우리가 이제야 터득하게 된 진실을 인식했던 듯하다. 자연스럽고 직관적인 시간감각이 삶에 행복한 깊이를 선사한다는 것 말이다. 그리고 이것은 충분한 수면과 떼려야 뗄 수 없이 연결되어 있다.

《잃어버린 시간을 찾아서》의 마지막 권 〈되찾은 시간〉에서 프루스트의 화자는 시간을 거스르는 가치 없는 삶을 떠나 시간과 함께 하는 삶으로 회귀한다. 노인이 되어 그는 이제 자신의 과거를 훑어가며 기억을 기록하기 시작한다. 이게 가능했던 것은 그가 외적으로 주어지

안녕히 주무셨어요?

는 사회적인 주류 시간축으로부터 벗어나 삶의 리듬을 스스로 결정하기 때문이다.

그렇게 그는 직관을 되찾고, 예술작품을 만들 수 있었다. 얼핏 불합리해 보일지 모르지만, 그는 시간을 잃어버림으로써 시간감각을 되찾은 것이다.

낭만주의자 프루스트의 이 같은 천부적 트릭은 여전히 유효하다. 우리 모두가 개인적인 시간감각으로 돌아가기 위해서는 사회적인 시간 코르셋을 의도적으로 무시하도록 노력해야 한다. 각자의 시간생물학적인 요구를 재발견하고, 자연과 연결된 삶을 통해 생체시계를 강화하며, 많은 정치적 족쇄에서 빠져나와야 한다.

그곳으로 가는 가장 중요한 수단은 충분한 잠을, 달게 푹 자는 것이다. 프루스트는 이 사실 또한 간파하고 있었다. 사람들이 일찌감치 잠자리에 들고 아침에 느긋하게 침대에 누워있는 사회, 수면부족이 없고 잠 의식과 깨어있는 의식 사이의 기분 좋은 반수면 상태에 지속적으로 빠지는 사회야말로 행복한 세상이라는 것 말이다.

오늘날 자명종에 의지하지 않고 자신만의 리듬에 따라 사는 사람들은 주로 화가, 작가, 연극인 등 창조적인 직업을 가진 사람들이다. 과거 알베르트 아인슈타인이나 요한 볼프강 폰 괴테 같은 창조적 천재들이 충분한 잠과 개인적인 리듬에 커다란 가치를 부여한 것은 결코 우연이 아니었다.

잠 잘 자는 사회로 나아가는 여덟 가지 포인트

1. 낮에 바깥 활동을 많이 하라. 밝은 빛은 생체리듬을 강화시킨다. 밝은 빛을 쐬어주면 낮에 더 활동적이고 능률적인 시간을 보내며, 밤에는 더 깊은 잠을 잘 수 있다. 직장인들은 고용주에게 업무시간 중에 잠시 산책하거나 빛을 쐬고 올 수 있도록 휴식시간을 넉넉히 달라고 요구해야 한다. 불가피하게 실내에서만 보내야 한다면 자연 빛을 모방한 전등의 도움이라도 받자.

2. 늦은 저녁과 밤에는 밝은 빛을 피하라. 실내조명이 너무 밝거나 컴퓨터 모니터와 스마트폰을 오래 들여다보고 있으면 졸음 오는 시간이 늦춰져 제시간에 잠들기 어렵다. 잠자리에 들 시간쯤에는 이메일 확인이나 컴퓨터게임을 하지 말아야 한다.

3. 자신의 시간 유형에 더 유의하라. 많은 사람들이 개인적인 시간 유형을 더 효율적으로 활용하면 사회 전체적으로 이익이 돌아간다. 고용주는 직원들을 각각의 생체리듬에 맞게 투입해야 한다. 올빼미나 올빼미에 가까운 사람들은 느지막이 정오경부터, 종달새나 종달새에 가까운 사람들은 아침 일찌감치 일을 시작하면 좋다.

4. 잠 도둑을 추방하라! 각종 잠 도둑들을 우리 삶에서 추방해야 한다. 늦은 밤 텔레비전으로 추리영화를 보는 것, 저녁식사 후 진한 커피를 마시는 것, 술을 너무 많이 마시는 것, 시도때도 없이 야근하는 것, 상점을 24시간 오픈하는 것 등은 수면을 방해하고 능률을 떨어뜨린다. 특히 독일을 비롯한 여러 나라에서 시행되는 서머타임은 시급히 폐지해야 한다. 이로 인해 인구의 3분의 2가 7개월간 지속적으로 귀중한 수면시간을 빼앗기고 있다.

5. 교대근무와 야간근무를 개선하라. 밤 근무는 불가피할 때만 허락되어야 한다. 교대근무 계획을 짤 때는 근무자들의 개인적인 시간 유형을 고려하여야 한다. 24시간 교대근무 체제는 반드시 폐지할 것, 불가피한 경우라도 2교대는 해줘야 한다. 또 교대근무를 했거나 멀리 여러 시간대를 통과하여 출장을 다녀온 경우에는 장시간 휴식을 취해주어야 한다.

6. 학교 등교시간을 늦추어야 한다. 청소년은 성인보다 더 많은 수면이 필요하며 생물학적 이유에서 밤에는 더 늦게 졸음이 오고 아침에는 더 늦게 깨어난다. 그러므로 학교의 등교시간을 늦추어야 한다. 초등학교까지는 8시 30분 이후, 중학교의 경우 9시 이후, 고등학생은 10시 이후에 수업을 시작하는 게 이상적이다.

7. 휴식은 소중한 것. 일하는 중에 한 번씩 신경을 끄고, 잠시 눈을 붙이거나 산책하는 버릇을 들여야 한다. 그렇게 하면 더 건강하게 창조성을 발휘할 수 있으며, 쉬지 않을 때보다 더 많은 양의 일을 더 효율적으로 끝낼 수 있다. 이런 면에서 상사들이 먼저 모범을 보여야 한다. 기업들은 파워내핑 세미나를 마련하고 휴식공간을 제공하는 등 이런 트렌드에 적극 동참해야 한다.

8. 규칙적인 식사를 하라. 매일 정해진 시간에 밥을 먹으면 생체리듬이 강화되고 비만이 없어지며 능률이 높아지고 건강해진다. 나아가 숙면을 취하는 데도 도움이 된다. 운동은 낮시간에 하고, 아침에 일어나기 힘든 사람이라면 오전시간에 운동을 하는 것이 좋다.

안녕히 주무셨어요?

새로운 시간 문화를 위한 변론

이 책을 쓰는 동안 나는 스스로 웨이크업 플랜에 맞추어 살기 위해 노력했다. 평일에 푹 자는 것은 유감스럽게도 불가능했다. 학교에 다니는 자녀들이 있기 때문이다. 그러나 아이들이 등교하고 나면 될 수 있는 한 밖으로 나가 걸었다. 그러고 나서 집안일을 처리하고, 책상 앞에 앉아 덜 까다로운 과제들을 해결하였다.

그 다음에야 책을 쓰거나 다른 중요한 일들을 시작했는데, 그 사이사이 규칙적으로 쉬는 것을 잊지 않았다. 여유롭게 점심식사를 하고 이따금 잠시 눈을 붙였다. 능률이 오르는 시간에 일을 하고, 조금씩 쉬어주자 일은 더 효율적으로 진행되었다. 아이들이 학교에서 돌아오고 아내가 퇴근하면 가족들을 위해 약간의 시간을 내고, 그에 대한 반대급부로 저녁식사 후 다시 한 번 책상에 앉아 작업을 진행하였다.

주말과 휴가 중에는 잠을 푹 자고, 낮 동안에 가능하면 야외활동을 많이 하였다. 저녁시간의 미디어 소비는 최대한 절제했다. 최소한 평일에는 잠자리에 드는 시간이 너무 늦어지지 않도록 유의하였다.

이런 생활패턴은 매우 긍정적인 효과를 발휘했다. 나는 시간생물학적으로 평균적인 유형에 속하며 매일 약 8시간의 수면을 필요로 한다. 주중에는 8시간을 자기가 힘들지만, 휴가 중에 밤 1시에서 아침 9시까지 자면 컨디션이 좋다. 생물학적 시간감각에 맞추어 시간 관리를 함으로써 나는 이 기간 동안 그 어느 때보다 컨디션이 좋았다.

말은 쉽다. 독자들은 입을 비죽 내밀며 이의를 제기할 것이다. "당신은 프리랜서라 자기 시간을 마음대로 쓸 수 있지 않느냐?"라고. 하지만 나는 모든 사람에게 내 개인적인 삶의 방식을 강요하려는 것이 아니다. 학생이나 회사원들은 하루 일과를 독립적으로 설계하기가 힘들다. 그리고 시간 유형에 따라 혹은 선천적으로 잠이 많은가 적은가에 따라 서로 다른 규칙이 적용된다.

다만 한 가지, 이 책을 통해 새로운 시간 문화를 만들어가는 것이 우리 모두에게 시급하고 중요하다는 인식을 공유하게 되기를 바란다. 우리는 각각의 개인적인 일상에서 많은 것을 변화시킬 수 있다. 그밖에도 고용주나 노동조합, 정치인들로 하여금 시간생물학과 수면과학적으로 중요한 인식들을 정책에 반영하게끔 해야 한다.

평균적으로 우리는 그 어느 때보다 물질적으로 풍요롭고 건강하게 살고 있다. 오늘날 많은 사람들이 고령에 이르기까지 건강하게 산다. 여가시간을 충분히 누리며, 교육수준도 매우 높다. 그러므로 스스로와 가족과 친구들을 위해 충분한 시간을 내고, 수면과 활동시간을 직관적으로 배분하는 것이 그리 분에 넘치는 일은 아니다.

경제적 풍요와 사교도 중요하지만, 푹 자고 새로운 시간 문화를 가꾸어나가는 삶이야말로 무엇보다 절실하다.

이 책 전체를 읽을 시간이 없는 독자들은 구체적인 요구를 담은 각 장의 마지막 부분만 읽어도 도움이 될 것이다. 내가 제안한 웨이크업 내용 중에는 비용이 많이 들고, 실행하는 데 시간이 필요한 것도 있다. 또 독자들의 내적 게으름이 들쑤시고 올라오기도 할 것이다.

그러나 이 책에 소개한 생각들을 진지하게 받아들이고 나의 제안에 대해 토론하는 것만으로도 일단 중요하다. 나의 모든 견해들은 최신 학문에 기반한다. 따라서 연구결과가 수정되기까지는 가장 훌륭한 토론의 기초가 되어줄 것이다.

도입 부분의 핵심메시지에 잇대어 이제 잠 잘 자는 사회로 출발하자고 권하고 싶다. 사용설명은 독자들이 이미 읽은 대로다.

이 책에서 다루는 주제는 아주 시사적인 내용이다. 독일에서는 점점 많은 학교들이 등교시간을 늦추는 방안을 검토하고 있다. 정당과 정치인들은 서머타임 폐지를 요구하고, 대기업은 새로운 교대근무 모델을 시험하고 있으며 휴게실과 재택근무를 늘리는 추세다. 유럽연합은 거실과 업무공간의 채광을 위한 새로운 기술을 개발하는 데 많은 비용을 투자하고 있다.

독일 가족부 장관 마누엘라 슈베지히와 상공회의소 의장 에릭 슈바이처는 공적으로 주당 업무시간 34시간을 옹호하고 나섰다. 괴테보르크 시청은 시험 삼아 직원 20~30명을 주당 30시간만 일하도록 하고 학자들로 하여금 추이를 연구하도록 했다. 자문위원인 마츠 필헬름은 그런 조치로 인해 오히려 시 예산 절감효과를 거둘 수 있다고 본다. 그는 두 회사에서 진행되었던 비슷한 시범 사례를 토대로,

괴테보르크 시청의 경우에도 업무시간이 적은 사람들은 병가를 내는 사례가 드물며 업무효율이 훨씬 더 높을 것으로 예상한다.

위에서 언급한 회사 중 하나는 노르웨이의 티네 유업이라는 곳으로 〈슈피겔〉 통신원 닐스 라이제에 따르면 7년 전부터 임금 삭감 없이 평일 6시간 근무제를 실시하고 있다. 괴테보르크에 있는 대형 자동차영업소도 11년 전에 이런 근무제를 도입하였다. 그리고 두 곳 모두 직원들의 병가 일수가 현저히 줄어들었다고 한다. 티네의 CEO 헤닝 마틴슨은 최근 "효율성이 20퍼센트만 증가해도 이런 제도를 바람직한 것으로 평가할 수 있을 텐데, 심지어 50퍼센트나 높아졌다"며 매우 긍정적으로 평가하였다.

미국의 연구자들은 최근 17개월간에 걸친 화성 탐험을 시뮬레이션하였다. 모의 우주비행에 참가한 여섯 명의 승무원이 자연적인 시간신호들이 결여된 여행에서 어떻게 행동할지 보고자 함이었다. 실험이 시작된 지 얼마 안 가 가짜 우주비행사들은 곧 수면—활동 리듬 장애를 보였다. 활동이 감소하고, 에너지가 떨어졌다. 실험이 끝날 무렵에는 활기가 없이 아주 조용한 사람들이 되었다. 이 연구를 주도했던 수면과학자 데이비드 딩어스는 언젠가 정말로 화성으로 날아갈 수 있는 날이 온다 하더라도 지구에서처럼 자연적인 24시간 리듬으로 살도록 주의해야 할 거라면서 무엇보다 적절한 시간에 충분히 자고, 깨어있는 시간에 열심히 움직여주어야 한다고 결론내렸다.

현재 우리 모두는 모의 화성 탐험 참가자들과 비슷한 형편인지도 모른다. 첫 눈에는 모든 것이 완벽해 보인다. 먹을 것이 충분하고 의료서비스도 일류다. 유흥거리도 넘쳐난다. 시간감각만 잃어가고 있을 따름이다.

　독일의 시간생물학자 토마스 칸터만은 아주 좋은 아이디어를 가지고 있다. 그는 휴양도시 바트 키싱엔에 "크로노시티Chronocity"라는 이름의, 잠 잘 자는 오아시스를 조성하고 싶어한다. 이곳은 지상 최초로 주민과 휴양객의 전반적인 시간 욕구에 부응하는 장소가 될 것이다. 크로노시티가 표방하는 목표는 어쩌면 우리에게 아주 친숙한 것이다. "우리의 수면과 생체시계를 존중하고 소중하게 다루면서 자연에 가깝게 사는 것이다. 바트 키싱엔은 관련 문제들을 연구하고 좀 더 현실적인 해법을 발견하기 위해 필요한 사회적 공간이다. 우리의 목표는 하나, 잠 잘 자는 사회이다." 그야말로 현대적인 목표이자 조치가 아닐 수 없다.

　그러므로, 우리는 올바른 방향으로 가고 있다. 우리는 혼자가 아니다. 자명종과 수업시간 종, 출퇴근시간 기록기의 알량한 지배에 대항하라! 깨어나 시간과 '더불어' 살아가자.

안녕히 주무셨어요?

옮긴이 **유영미**

연세대학교 독문과와 동대학원을 졸업한 뒤 전문 번역가로 활동하고 있다.
옮긴 책으로 《왜 세계의 절반은 굶주리는가》《감정 사용 설명서》《인간은 유전자를 어떻게 조종할 수 있을까》《여자와 책》《나는 왜 나를 사랑하지 못할까》 등이 있다. 2001년 《스파게티에서 발견한 수학의 세계》로 과학기술부 인증 우수과학도서 번역상을 수상했다.

안녕히 주무셨어요?

첫판 1쇄 펴낸날 2016년 2월 29일
첫판 2쇄 펴낸날 2018년 2월 26일

지은이 | 페터 슈포르크
옮긴이 | 유영미
펴낸이 | 지평님
본문 조판 | 성인기획 (010)2569-9616
종이 공급 | 화인페이퍼 (02)338-2074
인쇄 | 중앙P&L (031)904-3600
제본 | 서정바인텍 (031)942-6006

펴낸곳 | 황소자리 출판사
출판등록 | 2003년 7월 4일 제2003-123호
주소 | 서울시 영등포구 양평로 21길 26 선유도역 1차 IS비즈타워 706호 (150-105)
대표전화 | (02)720-7542 팩시밀리 | (02)723-5467
E-mail | candide1968@hanmail.net

ⓒ 황소자리, 2016

ISBN 979-11-85093-37-6 03470

* 잘못된 책은 구입처에서 바꾸어드립니다.

이 도서의 국립중앙도서관 출판예정도서목록(CIP)은 서지정보유통지원시스템 홈페이지(http://seoji.nl.go.kr)와 국가자료공동목록시스템(http://www.nl.go.kr/kolisnet)에서 이용하실 수 있습니다.(CIP제어번호: CIP2016002560)